군 교육훈련과
플립러닝 이해

군 교육훈련과 플립러닝 이해

2021년 12월 1일 초판 인쇄
2021년 12월 5일 초판 발행

지은이 전규호 · 박효선 | **교정교열** 정난진 | **펴낸이** 이찬규 | **펴낸곳** 북코리아
등록번호 제03-01240호 | **전화** 02-704-7840 | **팩스** 02-704-7848
이메일 ibookorea@naver.com | **홈페이지** www.북코리아.kr
주소 13209 경기도 성남시 중원구 사기막골로 45번길 14 우림2차 A동 1007호
ISBN 978-89-6324-824-0(93390)

값 19,000원

Understanding military education and flipped learning

군 교육훈련과 플립러닝 이해

전규호 · 박효선 지음

북코리아

추천사

맹자는 '군자삼락(君子三樂)'이라 하여 군자가 즐겨야 할 세 가지 즐거움에 대해 이야기했다. 첫째는 부모가 살아계시고 형제가 무고한 것이고, 둘째는 하늘과 사람 앞에서 한 점 부끄러움이 없는 것이며, 셋째는 천하의 영재를 모아서 이들을 교육하는 것이라 했다. 이 중 셋째 즐거움이 교육의 중요성을 설파한 것으로 오늘날 교육자의 지표가 되고 있기도 한다.

일반적으로 유가에서 군자라 함은 현인에 버금가는 사람이며, 현자의 가르침은 모든 백성에게 미쳐서 본받게 된다고 했다. 이러한 군자가 그 즐거움 중 하나가 교육이라고 했으니, 고대부터 동양사회에서 교육을 얼마나 중요시했는지 미루어 짐작할 수 있다. 그리고 무엇보다 교육이 시대를 초월하여 그 중요성이 강조되고 있는 것은 후학들을 올바른 인성과 자질, 그리고 역량을 갖춘 인재로 키워내는 것이 한 사회의 의무이며, 국가와 사회의 존립을 위해 반드시 시행해야 할 사회화의 과정이기 때문이다.

이와 같은 관점에서 군인들도 사리사욕을 떠나 오로지 국가의 안위를 위해 자신의 생명까지 바쳐가며 헌신하는 사람들이기에 군자와 버금가는 존재라고 할 수 있으며, 군자처럼 교육에 힘써야 함은 당연한 책무라 할 수 있을 것이다. 더욱이 군의 존재 목적은 '국군의 사명'에 명시된 것처럼 우리의 조국 "대한민국의 자유와 독립을 보전하고, 국토를 방위하며, 국민의 생명과 재산을 보호"하는 데 있다. 따라서 군은 상시 대비태세를 유지함은 물론, 적과 싸워 이길 수 있는 전투력을 건설하고 이를 운용할 정예장병을 양성하는 데 모든 노력을 기울여야 하므로 강군 육성을 위한 교육훈련은 모든 장병에게 주어진 사명이며, 반드시 완수해야 할 임무이다.

특히, 군문에 첫발을 내딛는 장병들을 양성하고 병과 전문교육을 담당하는 양성 및 보수과정 등 군내 제반 교육을 책임지는 교관의 역할은 그 누구보다 중요하다고 생각한다. 어쩌면 유가의 군자만큼이나 교육을 위해 헌신하고 희생을 아끼지 말아야 하며, 후배 장병들로부터 존경받는 선생이 될 수 있도록 교관 전문성은 물론, 바른 용모와 언변, 그리고 탁월한 교수학습 지도 능력을 보유해야 한다.

이러한 의미에서 육군교육사령부에서도 교육체계를 혁신하고 최신 교수학습법을 적용하기 위해 다양한 시도를 하고 있으며, 교수학습센터 등을 통해 교관 역량 강화 프로그램을 운용하는 등 남다른 노력을 기울이고 있다. 그러나 무엇보다 중요한 것은 개별 교관이 스스로 최고의 교관이 되고자 노력하는 것과 외부의 지원이 하나가 되어 시너지를 발휘하는 것이다. 이를 위해서는 충분한 교육자료와 가이드가 필요하지만, 우리의 현실은 관련 전문가가 충분하지 않고, 자료와 가이드가 부족하여 개별 교관이 일반교육학 서적으로 연구하고 교육 현장에 적용하는 실정이라 항상 아쉬움을 느끼고 있었다.

이러한 차에 군에 특화된 『군 교육훈련과 플립러닝 이해』라는 도서의 발간은 그간 가졌던 아쉬움을 해소하기에 충분하다는 생각이 들었다. 무엇보다 '거꾸로 학습'이라고 불리는 '플립러닝'은 현재 우리 사령부 예하 모든 학교에서 적용하고 있는 학습 방법이다. 교관들이 이 책을 통해 플립러닝을 제대로 알고 교육 현장에 적용할 수 있게 된다면, 아마도 우리의 교육은 한 차원 높게 향상될 것이라 확신한다. 또한 교관뿐 아니라 교육생들도 이 도서를 통해 자신들이 하고 있는 학습 원리와 방법적인 측면을 더욱 면밀하게 이해하고 학습 방법을 터득한다면 훨씬 성과 있는 학습을 해나갈 수 있을 것이라 생각한다.

끝으로, 이번에 발간된 『군 교육훈련과 플립러닝 이해』를 많은 장병이 탐독하길 바라고, 특히 교관 임무를 수행하는 간부들에게 필독서로 사랑받기를 기대한다.

다시 한번 『군 교육훈련과 플립러닝 이해』의 발간을 축하하며, 군을 사랑하고 아끼는 마음으로 이 책을 저술하신 박효선 교수님을 비롯한 저자분들께 감사 인사를 드리면서 추천사에 갈음한다.

2021년 10월

육군교육사령관 중장 박상근

추천사

—

추천사를 쓰고 있는 2021년 11월은 정치의 계절, 선거의 계절로 접어드는 달이다. 바야흐로 대선 시즌에 들어선다. 정치가 뭐라고 대통령 하겠다고 나선 숫자에 놀란다. 벌써 비전과 공약이 난무한다. 내년에는 대통령과 이른바 '소통령'인 지방자치단체장도 뽑는다. 자연스럽게 정치가뿐만 아니라 유권자의 관심도 정치에 쏠린다. 후보자와 세인의 관심은 '정치가 뭐냐?'라는 물음에 모아진다. 정치에 대한 관심은 동서고금을 막론하고 변함없다. 나는 정치 색약(色弱)이기는 하나 최고의 정치학 국민교과서를 추천하라면 단연 『논어(論語)』라고 말하겠다. 정치에 관심 없어도 누구나 한 번쯤 읽었을 책이다. 정치 문해, 시민 문해 차원에서 『논어』「안연(顔淵)」편 7장을 열어본다.

자공문정, 자왈(子貢問政, 子曰) "족식, 족병, 민신지의(足食, 足兵, 民信之矣)"라는 말이 눈에 들어온다. 자공이 정치에 대해 묻자 공자가 말하길 "먹는 것을 풍족하게 하고, 군대를 튼튼히 하고, 백성의 신뢰를 얻는 것이다." 경제, 국방, 신뢰가 정치의 3요소라는 가르침이다. '족식(足食)', 즉 먹거리를 책임지는 경제가 기반이요, 기본이다. 우선순위야 있겠지만 족식(경제) · 족병(국방) · 민신(신뢰)은 불가분의 관계다. 가장 중요한 것은 정치권에 대한 백성의 신뢰이지만, 배가 고프고 외적의 침입에 시달리면 정치에 대한 백성의 신뢰는 떠나간다. 그러니 신뢰를 얻는 시작은 족식이요, 이를 지키는 보루는 족병이다. 그러면 백성의 신뢰는 저절로 생긴다.

족병(足兵)은 군대와 병기를 풍족하게 하는 것을 말한다. 경제력은 국방력의 전제이지만, 족병은 군사와 병기의 숫자만을 의미하지 않는다. 강한 군대는 주어지는 것이 아니라 교육으로 만들어진다. 모든 조직이 유무형의 교육을 실시하지만, 군대만큼 교육이 체계적이고 실용적인 조직은 드물다. 조직학습, 학습조직의 대명사가 군대다. 예전에 어른들은 군대 가야 사람 된다고 말씀하셨다. 군대가 최고의 인생학교이기 때문이다. 우리나라의 근대화 역사를 돌아보면, 군대가 근대화의 선봉이었다는 데 고개가 끄덕여진다. 근대화를 촉발한 것은 교육이다. 인적자원개발과 같이 교육혁신을 선도하는 학문 분야의 탄생 자체가 군의 실험 교육, 교육 실험의 산물이다.

학문성과에 기초한 무게 있는 교재 발간을 통해 군사교육의 체계화 · 전문화 · 보편화에 기여한 사람으로 박효선 교수를 추천하는 데 이의가 없을 것이다. 이번에는 한발 더 나아가 전규호 교수와 함께 『군 교육훈련과 플립러닝 이해』로 박 교수는 군사교육 혁신의 깃발을 들었다. '플립러닝'이라는 용어에서 보듯이 이 책은 플립러닝에 기반하여 그동안의 교수중심 주입형 교육에서 학생중심의 참여형, 문제해결 교육으로의 전환을 시도한 군사교육 혁신의 선언서다. 앞으로 군사교육은 『군

교육훈련과 플립러닝 이해』를 분수령으로 하여 군사교육의 전(before)과 후(after)로 나뉠 것이다. 그만큼 이 책은 군사교육 혁신의 기념비적 존재다.

더욱이 코로나19는 이 책의 존재감인 플립러닝의 가치를 크게 들어 올렸다. 기술이 코로나를 만나서 플립러닝은 교육의 대세가 되었다. 코로나 이후 재택근무와 사무실 근무를 병행하는 혼합형 유연근무(hybrid work) 체제로 전환하듯이 교육도 온라인과 오프라인이 병행하는 하이브리드 교육으로 급격하게 옮겨가고 있다. 기존 교육시스템이 오프라인 중심이었다면 이제는 오프라인과 온라인이 병행하는 시스템으로 전환하고 있다. 11월부터 본격 시행되는 WC(With Corona) 시대는 온라인과 오프라인 교육이 공존하는 시대다. 코로나를 계기로 단순 정보전달 방식의 교육은 온라인화될 것이며, 소통과 협업이 필요한 교육만 오프라인으로 실시될 것이다. 코로나와 기술의 결합으로 플립러닝이 자연스럽게 정착하는 가운데 이 책은 플립러닝의 정착을 돕는 촉매제가 될 것이다. 때를 잘 타고 태어난 복 있는 책이기에 맘껏 축하한다.

끝으로 『군 교육훈련과 플립러닝 이해』 발간으로 박효선 교수는 공저를 포함하여 『군 평생교육』, 『군 인적자원개발』, 『군사교육학』이라는 군 교육교재의 4대 이정표를 세워나가고 있다. 관련하여 책을 많이 낸 피터 드러커(Peter Drucker) 교수의 말이 생각난다. “평생 집필한 책 중에서 가장 훌륭한 책은 무엇입니까?”라고 물었더니 “다음에 나올 책이지요”라고 대답했단다. 드러커 교수의 책 중에 『넥스트 소사이어티』가 있다. 드러커 교수는 늘 완벽을 추구했지만, 뭔가 하나 부족한 데가 있어서 ‘다음’을 말하면서 틀림없이 자신을 넘어서겠다고 다짐했단다. 95세에도 왕성한 집필을 하면서 “평생 학습하면 젊어진다”라는 ‘비법

(secret sauce)'을 나눠주었다. 사적으로 지도교수인 박 교수님께 묻는다. "박 교수님, 집필한 책 중에서 가장 마음에 드는 책은요?" 박 교수님 왈, "NEXT!"

2021년 11월

중앙대학교 교육학과 이희수

머리말

군이 존재하는 목적은 국가를 방위하는 것이고, 국가방위의 결정적인 요인은 개인과 부대가 적과 싸워 이길 수 있는 전투력이다. 전투력은 전장에서 부대가 전투를 수행하여 군사적 목표를 달성해나가는 능력으로, 여기에는 병력, 무기 및 장비, 물자, 부대조직 등의 유형 전투력과 군기 및 사기와 정신전력, 교육훈련, 리더십 등을 통해 숙달된 정도를 의미하는 무형전투력으로 구분된다. 정예강군은 우수한 무기와 장비를 보유하더라도 이를 운용할 수 있는 능력을 갖추지 않으면 고철에 불과하고, 아무리 정신무장이 잘되어 있더라도 전기(戰技) · 전술(戰術)을 숙달하지 않으면 적과 싸워 이길 수 없다. 이는 교육훈련을 지속적으로 하지 않으면 보장할 수 없는 것이다.

그동안 군의 교육훈련은 부대훈련, 학교 교육, 자기계발로 분류하여 교육훈련 지원과 더불어 상호보완적인 체계를 가지고 발전해왔다. 학교교육을 통해 습득한 학습이론을 기초로 간접적으로 체득한 직무지식과 전투기술을 야전 부대훈련에 즉각적으로 활용함으로써 전투수행 능력을 구비해왔다. 그러나 군내 학교교육에서 교수자중심 주입식 교육은 학습자의 문제해결능력, 의사소통능력, 상황조치능력 개발에 부족하다는 비판을 받아왔다. 이에 군은 학교교육 혁신을 통해 교수자중심에서 학습자중심으로 교육 방법의 패러다임 전환을 실천하고 있다. 또한 테크놀로지를 활용한 사전 동영상을 제작하여 배포함으로써 학습자중심 교육의 플립러닝 수업방식을 '학생중심의 참여형 교육'으로 추진하고 있다. 따라서 이에 대한 교육학적 관점으로 교수-학습 방법 적용 및 교육성과 분석 등의 체계적인 이해가 필요한 시점이다.

이 책은 플립러닝에 기반한 학생중심의 참여형 교육이 학습자들의 역량을 개발하는 데 도움이 된다는 저자들의 경험을 공유하기 위해 작성되었다. 또한 학생중심의 참여형 교육 방법을 안내하여 학교기관에 전입되어 임무를 수행하게 될 교수자에게 교수-학습 방법을 안내하여 교수자로서의 전문성을 향상시켜주기 위함이다. 더불어 군 학교 교육 혁신의 하나로 야심 차게 출발한 플립러닝에 기반한 학생중심의 참여형 교육의 개선 방향을 제시함으로써 미래 우리 군을 이끌어갈 생도들과 후보생 및 군사학과 학생들이 성장할 수 있는 학습 기회를 제공할 것이다.

이 책은 총 3부 11개 장으로 구성되었다. 제1부 '군 조직과 교육훈련'에서는 군 조직의 특징과 교육훈련의 개념(제1장), 국방교육훈련 체계와 환경(제2장), 군사전문가의 역량과 개발(제3장)을 소개했다. 군 조직의 특징과 군 교육훈련 개념, 국방교육훈련 안보환경과 인적자원개발 정책, 군 간부 역량개발, 교수자의 자세와 교관의 조건은 무엇인지 소개했다. 제2부 '학교교육 패러다임의 전환과 플립러닝'에서는 학교교육 패러다임의 변화(제4장), 플립러닝의 이해(제5장), 학교교육에 적용된 교수-학습 방법(제6장)을 제시했다. 군 학교교육에 적용된 다양한 방법을 안내함으로써 교수자의 전문성과 후보생들의 이해를 향상시키는 데 도움을 주고자 했다. 제3부 '플립러닝 실증사례 연구 및 발전방향'에서는 간부 양성교육과 플립러닝 적용 사례(제7장), 학교교육 플립러닝의 학습성과(제8장), 플립러닝 교수학습모형 개발(제9장), 교육평가의 개념과 군 학교교육평가의 실제(제10장), 군 학교교육 발전방향(제11장)을 제시했다. 제3부에서의 학군단 플립러닝 실증사례 연구 및 발전방향은 제2부에서 소개한 학교교육의 패러다임 변화들이 어떻게 활용될 수 있는지를 상세하게 안내해주고, 실제 교수자들이 교육 현장에서 활용할 수 있는 각종 이론과 도구를 제공할 것이다.

이 책의 내용과 구성은 저자들의 군 인적자원개발 및 교육훈련 분야의 연구, 그리고 오랜 기간의 임무수행과 경험에 바탕을 두고 있다. 따라서 군사학에 입문하는 학생들과 이들을 가르치는 각급 군사교육기관의 교수자들에게 이론과 실제를 제공할 것이다. 향후 군 교육훈련 분야를 연구하는 많은 선후배, 학자들에게 부족한 점이 많은 졸저이지만 이를 통해 군 교육훈련 분야의 이론과 방법을 발전시키는 밑거름으로 귀하게 쓰일 수 있기를 바란다.

이 책이 나오기까지 많은 사람의 격려와 지원이 있었다. 군사교육기관 및 일반대학에서 군사학을 전공하는 학생들의 교육 방법에 관심이 많으신 육군 교육사령관 박상근 중장님과 학생군사학교장 정재학 장군님의 격려와 응원에 감사드린다. 더불어 『군 인적자원개발』, 『군 평생교육』, 『군사교육학』 등 저서를 출간할 때마다 추천 및 격려를 아끼지 않으신 이희수 교수님께 머리 숙여 감사드린다. 또한 늘 최고의 군사 교재를 추구하면서 이번 저서가 출간되도록 지원을 아끼지 않으신 북코리아 이찬규 대표님께도 존경과 감사의 마음을 전한다.

2021년 11월

우암산 연구실에서 저자 일동

차례

제2부 학교교육 패러다임의 전환과 플립러닝

제3부 플립러닝 실증사례 연구 및 발전방향

제1부

군 조직과 교육훈련

제1장

군 조직의 특징과 교육훈련의 개념

개요

이 장에서는 군 조직의 특징과 교육훈련의 개념을 이해하고, 군 교육훈련 이념 및 중점에 대해 알아보고자 한다. 군에서의 교육훈련은 군 본연의 임무 수행을 위해 군사력 배양의 필수적 요소이며, 국가적인 차원에서는 제2의 사회교육집단으로서 건전한 시민 육성, 교육 도장의 역할을 하고 있다. 따라서 제1절에서는 군의 존재 목적을 이해하고, 제2절에서는 군 조직의 특징과 기능을 살펴보며, 제3절에서는 군 교육훈련 개념 및 범주와 기능에 대해 고찰했다.

학습내용

제1절

군 조직의 존재 목적

1. 조직의 존재와 중요성

조직은 인간이 볼 수도 만질 수도 없지만, 인간 생활과 밀접한 사회현상이다. 이러한 사회현상의 존재는 인간이 의식적으로 만든 인식의 산물이라는 설과 인간의 의식과는 상관없이 인간에게 부과되는 객관적 존재라는 주장으로 구분된다. 전자의 유명론(nominalism)은 개체만이 실재하고 류(類)나 종(種) 같은 보편적 용어나 인간, 동물, 나무, 국가, 도식, 조직 등과 같은 모든 일반적인 집합단어들은 그에 상응하는 객관적인 실체가 실재하지 않는다고 한다(Kolakowski, 1972). 후자는 실재론(realism)으로서 일반적으로 세상의 사물은 인간의 어떤 인식주관과 독립해서 존재한다는 입장을 취하고 있다. 즉, 인식주관의 외부세상도 엄연히 고정되고 비교적 불변적인 구조물로 만들어진 존재라는 것이다(윤우곤, 1996). 한편 존재론의 관점에서 조직의 본질은 유명론보다는 실재론의 입장에서 조직을 자연세계 같은 확고한 존재로 보고 있다.

인간은 사회조직과 더불어 그 속에서 생활하며 서로 좋은 관계를 유지하며 살아가도록 학교라는 조직에서 교육을 받는다. 또한, 배우고 익힌 기술지식을 활용할 수 있는 곳도 조직이다. 즉, 다양한 사회조직인 정부, 학교, 군대, 병원, 은행, 경찰, 생산기업, 언론기관 등이 인간의 생활 전반에 지대한 영향을 미치고 있다.

조직이 인간의 삶에 영향을 주는 것은 인간 개인의 활동에 미치는 제도적 장치로서의 사회구조만이 아니다. 조직은 그 자체가 인간이 가지는 권리를 지닌 행위자다. 인간을 '자연인(自然人)'이라 하면 조직은 '법인(法人)'이다(Coleman, 1974). 따라서 조직은 법인 명의로 어떤 행위를 합법적으로 할 수 있으며, 자원을 소유하기도 하고 계약체결도 가능하며 재산권을 행사한다. 또한, 인간세계에 미치는 영향은 자연인과 법인의 관계보다는 법인과 법인의 관계가 더욱 복잡하고 다양하게 이루어진다.

이와 같은 조직의 중요성은 개개인이 혼자서는 결코 할 수 없는 일을 효율적으로 달성할 수 있는 주된 수단이며 메커니즘이기 때문이다. 특히, 4차 산업혁명 시대에는 새로 등장한 과학기술혁명이 인간의 삶과 일을 변화시키는 중심에 개인보다는 조직의 역할과 중요성이 더해지고 있다. 이는 인공지능, 사물인터넷, 자율주행차, 3D프린팅, 나노기술, 생명공학, 재료공학, 에너지 저장기술, 퀀텀 컴퓨팅(quantum computing) 등 모든 분야가 기술융합을 기반으로 발전하기 때문이다. 이와 같은 현상은 사회적으로 일하는 방식과 자신의 의견을 제시하고 정보를 교환하는 시스템이 변화했기 때문이다. 특히, 교육 분야에서는 최근 코로나19의 영향 등으로 눈에 띄게 많은 변화가 일어나고 있다.

조직은 공공의 목표와 가치를 반영한 공동의 미래를 구현하기 위해 서로 이해하고 공유하는 것이 무엇보다 중요하다. 즉, 인간, 자원, 기술지식을 조직화하면 이전보다 훨씬 좋은 결과를 얻을 수 있으며, 통합과 관리의 형태에 따라 효율성의 극대화를 가져올 수 있다.

이와 같이 조직화를 통해 효율성을 높이자는 주장은 첫째, 조직화하면 전문화를 통해 전문적인 테크놀로지를 발전시킬 수 있으며, 둘째, 조직의 임무가 중단되지 않고 영속적으로 수행이 가능하고, 셋째, 조직 구성원이 모두 의존하면서 맡은 바 임무를 수행하도록 결속시키기 때문이다. 이를 구체적으로 살펴보면 다음과 같다.

먼저, 전문화는 앞에서도 언급한 바와 같이 조직의 목표는 한 사람이 달성하기에는 이해관계가 너무나도 복잡하고 다양하다. 따라서 여러 사람이 분업을 통해 일을 나누어 수행하며, 이는 전문성이 바탕이 된다. 전문성에 의한 분업은 4차 산업혁명에서 진행 중인 속도(velocity), 범위와 깊이(breadth and depth), 시스템의 충격(system impact)에도 영향을 준다.

영속성은 조직이 해야 할 일을 직위에 맡기는 것을 제도화함으로써 조직이 해체되거나 파산되지 않는 한 영속적으로 수행된다. 따라서 조직은 한 개인의 기술이나 지식에 의존하지 않도록 조직화를 통해 직무규정이나 규칙, 절차에 의해 업무가 수행되도록 해야 한다.

의존성은 조직의 분업을 통해 개인과 조직에 대한 의존성을 높인다. 그러한 의존성은 서로에 대해 강한 긍정적 감정을 유발한다. 또한, 전투부대의 강한 단체정신이나 국가 같은 사회조직에 대한 충성심을 가지게 되는 것은 그러한 결속과 유대감에 의한 것이다.

2. 군 조직의 존재 목적

군의 존재 목적은 국가의 안전보장, 즉 주변 위협으로부터 국가의 영토와 국민, 주권을 지켜내는 것이다. 이러한 명확한 존재 목적은 국가의 가치와 이념을 추구하는 것이다. 국가의 가치는 '국가가 지고의 선(善)으로 간주하는 정신적 지향점'으로, 국가가 존재하는 이유다. 국가가 추구하는 가치로는 대체로 자유, 민주, 평등, 복지, 번영, 민족, 통일, 종교적 신념 등이 있다. 또한, 국가의 이념은 국가의 역할과 존재 목적, 국가와 사회관계 등 특정한 국가의 본질적인 이데올로기다(교육사령부, 2020). 즉, 국가이념은 국가 가치에 대해 어떠한 것을 선호하고 어떤 것을 지향하는 것을 반영한 결과다. 이러한 국가이념은 국가안보에 매우 중요한 위치를 차지한다. 이념은 국가를 조직하는 데 일종의 의존성을 형성하는 정치적 원리이자 한 국가의 정체성을 형성하는 데 기초가 되기 때문이다.

국가의 안보환경은 급격하게 변화하고, 이에 따른 국가의 안전보장은 반드시 지켜져야 할 중차대한 과제다. 이를 위해서는 우리 군이 변화된 안보환경을 직시하고 그에 능동적으로 대응해야 한다. 대응에 실패할 경우 군은 그 존재 목적을 상실할 뿐만 아니라 국가의 존망 자체를 위협받게 될지도 모른다.

변화된 안보환경 중에서 가장 포괄적인 것은 현재 국제사회가 과거의 질서에서 벗어나 새로운 질서를 구축하고 있다. 특히, 2019년 말부터 코로나19의 전 세계적 유행이 각국의 정치 · 경제 · 사회적 불안 정서를 가중시키면서 국제안보의 새로운 위협요인으로 부상하고 있다. 또한, 국지적으로는 영토, 종교 등 전통적인 갈등 요인으로 인한 안보위협도 지속되고 있다(국방부, 2020).

코로나19는 각국의 보건의료체계를 비롯한 사회시스템의 마비를 초래하고, 글로벌 공급망의 단절과 경제활동 위축, 대규모 실업 등 국제경제 위기를 가져왔으며, 세계 각지에서 인종 혐오범죄와 더불어 오랜 격리조치에 대한 경제적 취약계층의 반대와 사회적 갈등을 야기하고 있다. 이와 같이 팬데믹(Pandemic) 선언 이후 국제안보환경의 불안정성과 불확실성은 더욱 가중되고 있다.

이와 더불어 미국과 중국의 전략적 경쟁은 점차 심화되는 양상을 보이고 있으며, 코로나19의 확산만큼이나 주변국의 안보환경에 영향을 주고 있다. 미국은 '인도 · 태평양 전략'을 통해 중국의 영향력 확대를 견제하면서 기존의 동맹국과 우방국의 협력을 강화함과 동시에 새로운 파트너십과 다양한 협력방안을 모색하고 있다. 중국은 '일대일로 구상'을 추진하면서 자국의 이익 보호와 영향력 확대를 목표로 남중국해에서의 미국의 '항행의 자유작전', 대만과의 협력 강화 등에 대응하기 위해 적극적인 군사활동을 전개하고 있다. 특히, 러시아와는 '신시대 전면적 · 전략적 협력 동반자 관계'로 격상하고 군사훈련의 점진적 증가와 전략적 첨단기술 분야에서의 협력 확대를 추구하고 있다.

결국 군은 냉전적 이념대결 상태에 있는 현재의 한반도 안보상황과 비(非)이념적 안보위협 요소에도 대응해야 하는 다양한 도전에 대비해야 한다. 따라서 우리 군은 전통적인 위협요소들 외에 새롭게 대두되고 있는 경제, 종교, 테러, 환경, 보건 등에서 연유된 위협들에도 적극적으로 대처할 수 있는 능력을 구비해야 한다. 더불어 초국가적(transnational) 단체들 혹은 비정부단체(Non Government Organization)의 활동 영역과 영향력이 확대됨에 따른 대비도 이루어져야 할 것이다(국방부, 2020).

이에 그동안 군이 양적인 국방력의 건설에 매진했다면, 현시점에서는 첨단 무기체계 및 지휘 · 통제체계와 투명하고 합리적인 조직관리체계 구축을 통한 질적인 측면의 국방력 건설이 시급하다. 특히, 한반도 주변국들은 모두 세계적 군사강국으로서 '우주전쟁', '정보전쟁', '핵 및 미사일전쟁' 등의 비약적인 기술발전이 진행되고 있다. 주변국들의 이러한 변화는 미래 전장환경에 대비할 수 있는 국방력의 질적인 성장이 우리에게 절실한 과제라는 것을 의미한다.

따라서 4차 산업혁명 시대를 맞아 군에서도 지식기반사회 전반에 걸쳐 전투력을 교리(Doctrine), 전략(Strategy), 무기체계(Weapon System), 장비(Equipment), 인원(Person), 교육훈련(Training)의 함수로 보고 종합적으로 배양해야 한다(Skeltin, 1989). 즉, 군사력 운용과 군사력 건설 그리고 교육훈련이라는 세 가지 변수를 군의 존재 목적에 부합되도록 균형적 발전이 필요하다.

제2절

군 조직의 특징과 기능

1. 군 조직의 특징

조직의 본질에 대한 개념은 연구자의 관점에 따라 다양하게 정의되고 있다. 마치와 사이먼(March & Simon, 1958)은 "조직은 고도로 특성화된 구조와 조정체계 내에서 상호작용하는 인간의 집합체이며, 사회제도를 구성하는 요소"라고 주장했다. 또한, 블라우와 스콧(Blau & Scott, 1962)은 "특정한 목적을 달성할 분명한 의도로 공식적으로 설립된 사회단위"로 보았으며, 카츠와 칸(Katz & Kahn, 1990)은 "그 조직의 외부로부터 에너지(인력, 자원, 기술지식 등)를 투입받아 주어진 목표대로 처리하여 그 산출을 외부로 보내는 기능을 수행하면서 환경과 상호 거래하는 개방체제"로 정의했다.

모든 조직이 고유의 문화를 형성해왔듯이 군대조직도 사회의 다른 어떤 조직 못지않게 그 역사가 길며, 군대만의 독특한 문화를 갖고 있다. 군대조직은 본질적인 면에서 규범적인 승복에 의존하면서도 목표달성을 위한 조직의 운영과 통제는 강제적 승복의 성격이 강하다(Etzioni, 1962). 또한, 헌팅턴(Huntington, 1957)은 집단적 결속력을 군대문화의 특징으로 들었고, 야노비츠(Janowitz, 1964)는 목적의 절대성을 갖는 군대조직은 강력하고 철저한 권위주의적 위계조직에 의한 명분체 조직으로 설명하고 있다. 군대조직의 모든 활동은 '국방'이라는 확고부동한 목표에 집중되어 있으며, 목표달성을 위해 상당한 강제력과 통제력이 행사되고, 또한, 그것을 당연히 받아들이면서 한편으로는 가치, 명령, 규범의 중요성이 강조된다. 따라서 내부적으로 높은 정도의 결속력을 가지면서 조직 전체가 추구하는 목표를 위해 동일한 이념을 갖는다. 즉, 일반조직과 구별되는 군대조직의 특성은 일반 목표달성을 위해 규범에 의한 강제성, 집단적 결속력, 상하계급에 의한 위계성, 목적의 절대성이 강조되는 집단이라고 할 수 있다(박효선 외, 2016 재인용).

이와 같이 군 조직은 실체적 차원에서 "국방목표를 달성하기 위해 활동하는 구성원들로 조직된 집단"이라 할 수 있으며, 조직화 차원에서는 "국방목표를 효율적으로 달성하기 위해 과업을 조직 · 구성원들에게 할당하고 조정하는 과정 또는 방법"이라고 정의할 수 있다(군사학연구회, 2014).

이러한 군 조직은 일반 사회조직과는 다른 특성을 가지고 있다. 그것은 국방조직의 임무, 규모, 체계 구성 등이 사회조직과 비교할 때 독특하기 때문이다. 그 특성을 살펴보면 다음과 같다(군사학연구회, 2014).

첫째, 군 조직은 군이라는 특수집단을 건설 · 유지 · 운용하여 사활적 이익에 해당하는 국가안보를 수호함을 사명으로 하고 있다. 이를 위해 평시에는 전쟁을 억제하고 대비하며, 억제 실패 시에는 반드시 승리를 달성해야 하는 조직이다. 그러나 이러한 중요성을 인식하지 못할 경우, 군 조직은 국가예산을 낭비하는 소비 집단으로 인식되기 쉽다.

둘째, 군 조직을 건설하고 유지하기 위해서는 막대한 예산이 소요된다. 이에 따라 국가 재정에서 국방예산이 차지하는 비중이 매우 크다. 효율적인 국방운영은 국가 전체의 가용자원을 타 분야로 배분하는 여력을 제공할 수 있다는 점에서 효율성, 경제성, 합리성 등이 요구된다.

셋째, 군 조직은 그 규모가 방대하며, 대체로 관료주의적 운용방식을 채택하고 있다. 특히, 조직의 구성원이 민 · 군이 혼합되어 있으며 기구의 구성도 전투부대, 행정 · 교육 및 지원기관 등 다양하다.

넷째, 군 조직은 다단계 지휘계선으로 광범위하게 분산되어 있어 신속한 의사결정 전달체계 및 정보 · 통신체계 활용이 매우 중요하다. 또한, 군의 일사불란한 지휘체제를 보장하기 위해 각 단위부대의 지휘관에게 권한이 집중되어 있다. 따라서 효율적 의사결정 및 부대 지휘의 성과는 지휘관의 역량에 의해 적지 않은 영향을 받게 된다.

한편 군 조직은 다른 민간조직과는 차별되는 특징을 갖고 있는데, 주요 특징으로는 조직의 엄격성, 확정에 대한 형식적 심리성, 책임회피성, 편협성, 의식주의, 카리스마, 그리고 혹독한 훈련 등을 주장하기도 한다(황진환 외, 2011).

2. 군 조직의 기능

군 조직은 '군정'과 '군령'의 두 기능으로 구분된다. 군정(軍政, Military Administration)은 "국방목표 달성을 위해 군사력을 건설 · 유지 ·

관리하는 기능으로 국방정책의 수립, 국방관계법령의 제정 · 개정 및 시행, 자원의 획득배분과 관리, 작전지원 등"을 의미한다. 또한, 전시 또는 이에 준하는 사태하에서 군정은 "법률의 원리 · 원칙 및 전쟁규칙에 의거하여 군 지휘관이 점령지역에서 입법 · 사법 · 행정권한을 행사하는 통치기능"을 포함한다. 군령(軍令, Military Command)이란 "국방목표 달성을 위해 군사력을 운용하는 기능으로 군사전략기획, 군사력 건설 소요제기, 작전계획의 수립, 작전부대에 대한 작전지휘와 운용, 통합작전능력 강화를 위한 훈련 · 교육 · 전비태세검열 등"을 의미한다(합동참모본부, 2020).

이 중에서 군정이란 군대가 용병작전을 수행할 수 있도록 지원하는 행정(인사, 교육 등)과 군수 분야의 업무를 의미하는 것으로, 교육훈련이 여기에 해당한다. 교육훈련 실시 전과 실시 후 개인이나 집단의 능력이 얼마만큼 향상되었는가 하는 문제는 교육훈련과 관련이 있는 조직에서 중요한 관심사다. 이러한 국방교육훈련의 정책적 추진 근거는 교육훈련 결과의 수월성(excellence)을 담보로 실시되어야 한다.

즉, 군에서 교육훈련은 교육담당자(교육훈련 주요 의사결정자, 교육기관의 장, 교육기관의 행정담당요원, 교관 등)의 책무성(responsibility)과 교육과정 및 내용의 적합성(relevancy)을 확보하고 이를 바탕으로 교육 결과의 수월성을 확보할 수 있다.

그리고 교육훈련의 수월성에 영향을 미치는 요인은 크게 외생적 요인과 내생적 요인으로 구분된다. 외생적 요인은 교육체계 주변을 둘러싸고 있는 환경의 영향요소로서 구체적으로는 안보 및 군사환경 변화, 사회 및 문화적 전통 등의 요인을 들 수 있다. 한편 내생적 요인은 투입변인과 과정변인으로 나누어지며, 투입변인은 인적변인과 물적변인으로 구분될 수 있다. 투입변인 중 인적변인은 교육생의 질과 교수의 질 그리고 행정요인으로 구분되며, 물적요인은 강의실, 자료실, 교재, 교보재 등 시설과 가용재원, 단위 교육비, 연구지원 등 재정으로 구분된다.

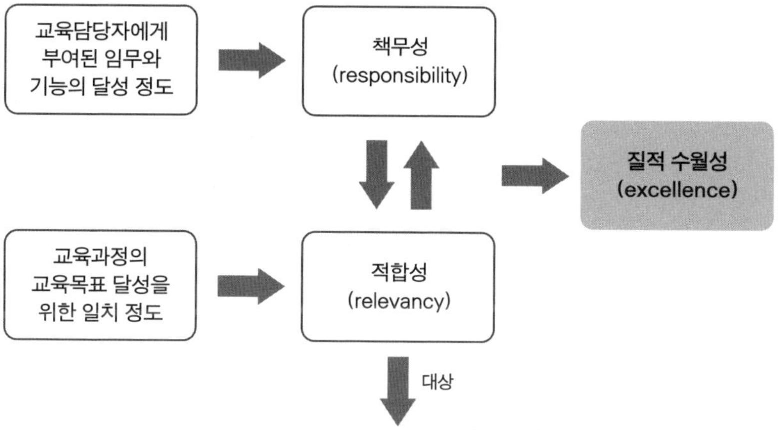

외생적 요인	내생적 요인	
	투입 변인	과정 변인
• 교육체계 주변환경의 영향 요소 • 안보 및 군사환경 변화 • 사회 및 문화적 전통 등	• 인적변인 - 교육생의 질: 선발, 준비 상태, 동기상태 - 교수의 질: 학력, 경력, 연구업적 - 행정요원: 체제운용, 환경조성, 행정지원 • 물적요인 - 시설: 강의실, 자료실 도서, 교보재, 기타 교육훈련 시설 - 재정: 가용재원, 재원 배분, 단위 교육비, 연구 지원비 등	• 교육과정 구성 및 운용 - 교육내용 및 조직, 교육 주기, 평가 - 교육목표와 내용의 일치성과 적절성 - 교육방법, 과제해결, 개인연구 - 교육결과 평가 - 교육기관장의 역할

〈그림 1-1〉 군 교육훈련의 질적 수월성 확보를 위한 정책적 준거와 대상

제3절

군 교육훈련 개념 및 범주와 기능

1. 군 교육훈련의 개념

군에서 사용하는 교육훈련과 관련된 용어들은 군 교육, 군사교육, 군대교육 등으로 다양하다. 군에서는 교육(education)이나 훈련(training)이라는 용어보다 연습(exercise)을 포함한 포괄적인 의미인 '교육훈련'이라는 용어를 많이 사용하고 있다. 따라서 이들을 하나의 개념으로 나타내는 상위개념인 '국방교육훈련'의 개념을 정립해야 한다.

교육, 훈련, 연습은 사전적 의미에서 차이가 있으며, 이를 정리하면 〈표 1-1〉과 같다. '교육'이란 구성원의 직무수행에 필요한 군사전문지식을 함양하고 정신적 · 도덕적 능력과 보편적인 능력을 함양하기 위해 실시하는 일련의 교수-학습 활동을 의미한다. '훈련'은 일정한 목표 또는 기준에 도달하기 위해 과제수행에 능숙한 자격을 갖도록 기술적 · 기계적 지식과 행동을 체득하는 조직적 숙달과정을 의미한다. 또한, '연습'이란 교육과 훈련의 결과로 주어진 지식과 기술을 토대로 군사이동이나 모의적인 작전을 통해 전투, 전투지원, 전투근무지원 절차와 교리를 적용하여 전술적 상황을 해결해보는 실제 연습과정을 의미한다(U.S. Headquarter, Department of Army, 1978; 한국국방연구원, 2007).

〈표 1-1〉 교육, 훈련, 연습의 개념 비교

교육(education)	훈련(training)	연습(excercise)
• 정신적 · 도덕적 발전을 도와주는 과정/분석적 기술, 윤리적 통찰력 습득 • 개인 또는 특정 기관이 일정한 이상 또는 가치를 지향하여 사회의 유지와 발전을 위한 의식적인 활동 • 인간의 보편적 능력 함양을 위한 활동	• 과제수행에 능숙한 자격을 갖추도록 기술적 지식 학습/기계적 기술 습득 과정 • 실제로 활용할 수 있도록 가르쳐 연습시키는 활동/기술적 숙달을 위한 조직적인 절차	• 군에서 교육시키고 훈련하기 위해, 또는 평소 훈련한 전투능력을 평가하기 위해 실전 상황을 상정하여 행하는 모의 군사행동 • 군사이동이나 모의적인 전투작전을 통해 전투/전투지원/전투근무지원 절차와 교리를 적용하여 전술적 상황을 해결해보는 실질적인 숙달훈련

한편, 목적, 방법, 장소, 결과 측면에서도 차이가 있다. 〈표 1-2〉와 같이 교육은 일반적으로 그 목적이 추상적이고 포괄적이지만, 훈련이나 연습은 구체적이고 세부적이다. 방법 측면에서 교육은 교관과 학생의 상호작용을 중시하나 훈련은 일방적이고도 주입식으로 이루어지고 있다. 행위가 일어나는 장소 측면에서 교육은 일반적으로 군사학교에서 이루어지는 반면, 훈련이나 연습은 부대에서 주로 이루어지고 있다. 마지막으로 결과 측면에서도 차이가 나는데, 교육은 개인차의 최대화를 기하고 결과 예측이 어렵지만 훈련은 개인차의 최소화를 시도하며 결과 예측이 비교적 용이하다.

그러나 이러한 차이가 있음에도 군에서의 교육, 훈련, 연습은 종합적이며 연속적인 과정이다. 즉, 군사학교에서 배운 지식을 부대에서의 훈련을 통해 숙달시키며, 연습을 통해 종합적으로 시연해보고, 그 결과를 분석하여 교육이나 훈련과정에 환류시킨다. 따라서 군에서는 임무수행 능력 향상을 위해 실시하는 제반 활동을 총체적으로 '교육훈련'이라는 용어로 사용하고 있다. 다만, 군정 및 군령 기능과 관련하여 교육은 군정 기능으로 분류하고 있으며, 훈련은 군령 기능으로 분류하여 주관하는 부서가 각각 다르게 편성되어 있다.

〈표 1-2〉 교육과 훈련의 특성 비교

구분	교육	훈련
목적	추상적 · 포괄적이며, 지적발달, 통찰력, 가치 중심	구체적 · 세부적이며, 현행업무 및 주특기 중심
방법	교사와 학생의 상호작용	일방적/주입식
결과	개인차의 최대화, 결과 예측의 어려움	개인차의 최소화, 결과 예측 용이

군대교육은 국방에 관한 특수 전문교육으로서, 개인 및 부대의 잠재능력을 국방임무 수행에 적합토록 계발하기 위해 의도적 · 계획적 · 조직적으로 행하는 교육활동을 말한다고 볼 수 있다. 군사교육에 대해 국방부에서는 "장병을 대상으로 전술 상황에 대한 분석력과 판단력을 포함하여 지식, 기술, 업무수행 능력을 함양하는 체계적인 교수 및 숙달과정"으로 정의하고 있다(국방부, 2002). 또한, 육군본부에서는 "개인이나 부대에 대해 군사 전문기술을 가르쳐 이를 숙달시키기 위한 실천적 활동"으로 정의하고 있다(육군본부, 2002). 그리고 합동참모본부에서는 군 교육을 "군사요원에게 군사지식과 기술을 부여하며, 지적능력, 덕성, 체력을 함양하기 위한 교수 및 학습활동"으로 정의하고 있으며, 광의의 군 교육에는 훈련을 포함하고 있다.

교육훈련은 교육과 훈련을 포함하는 포괄적인 개념이다. 또한, 국방교육훈련은 "국방을 위해 장병 및 국방부 산하기관에 근무하는 자와 위탁교육자(수탁교육자를 포함)를 대상으로 하는 학교교육과 부대훈련"을 말한다(국방부, 2002). 군에서 실시하는 훈련은 일반사회에서 통용되는 훈련의 개념과 같은 포괄적인 내용을 가지면서도 강한 의미를 띠고 있다. 국방부의 경우 훈련을 "개인 및 부대가 부여된 임무를 효과적으로 수행할 수 있도록 기술적 지식과 행동을 체득하는 조직적 숙달과정"으로 정의하여 적용하고 있다(국방부, 2002).

합동참모본부에서는 군사훈련을 "체득한 지식과 기술을 통해 부여된 임무를 효과적으로 수행할 수 있도록 전술, 전기 등의 기실능력을 조직적으로 숙달시키는 과정"으로 정의하고 있다(합동참모본부, 2010: 286). 육군의 경우 훈련을 "개인이나 부대에 대해 군사 전문기술을 가르쳐 이를 숙달시키기 위한 실천적 활동"으로 정의하고 있다(육군본부, 2020). 또한, 우리 군에서는 연습을 "교육과 훈련의 결과로 주어진 지식과 기술 등을 토대로 군사이동이나 모의적인 전투작전을 통해 전투, 전투지원, 전투근무지원 절차와 교리를 적용하여 전술적인 상황을 해결해보는 전투시행훈련"으로 정의하고 있다(국방부, 2002). 〈표 1-3〉은 군 교육과 관련된 용어를 국방부에서 정리한 것을 나타낸 것이다(박효선 외, 2014).

〈표 1-3〉 군 교육과 관련된 용어 비교

구분	용어 정의
교육	군사요원에게 군사지식과 기술을 부여하며, 지적능력, 덕성, 체력을 함양하기 위한 교수 및 학습 활동을 말하며, 광의의 교육에는 훈련이 포함됨
훈련	개인 및 부대가 부여된 임무를 효과적으로 수행할 수 있도록 기술적 지식과 행동을 체득하는 조직적 숙달과정을 말함
교육훈련	교육과 훈련을 포함하는 포괄적인 개념
국방교육훈련	국방을 위해 장병 및 국방부 산하기관에 근무하는 자와 위탁교육자(수탁교육자 포함)를 대상으로 하는 학교교육과 부대훈련을 말함
군사교육	장병을 대상으로 전술 상황에 대한 분석력과 판단력 등을 포함하여 지식, 기술, 업무수행 능력을 함양하는 체계적인 교수 및 숙달과정을 말함
연습	교육과 훈련의 결과로 주어진 지식과 기술 등을 토대로 군사이동이나 모의적인 전투작전을 통해 전투, 전투지원, 전투근무지원 절차와 교리를 적용하여 전술적인 상황을 해결해보는 전투시행훈련을 말함

이와 같이 군에서 교육훈련은 명확히 구분함 없이 통상 함께 묶어서 사용하고 있다. 결론적으로 국방교육훈련은 "국방을 위해 장병 및 국방부 산하기관에 근무하는 자와 위탁교육자 및 수탁교육자를 대상으로 하는 학교교육과 부대훈련"으로 구분된다.

2. 국방교육훈련의 범주와 기능

사전적 의미에서 보면, '국방'은 군사 부문뿐 아니라 국가체제, 국력의 제반 요소 등이 고려된 광범위한 개념이다. 따라서 군사 분야가 무력의 직간접적 사용과 관련된 인원에게 국한되는 반면, 국방 분야의 관련자는 군인은 물론 국방부 공무원과 군무원, 타 정부 부처의 관련 공무원, 나아가 국민까지 포함된다. 이렇게 보면 국방부 차원의 교육은 일반 국민은 물론 국방부 공무원과 군무원을 포함하는 포괄적 개념으로 정의하는 것이 바람직하며, 결국 국방부 차원에서 실시하는 교육은 '국방교육'으로 정의하는 것이 타당하다고 볼 수 있다.

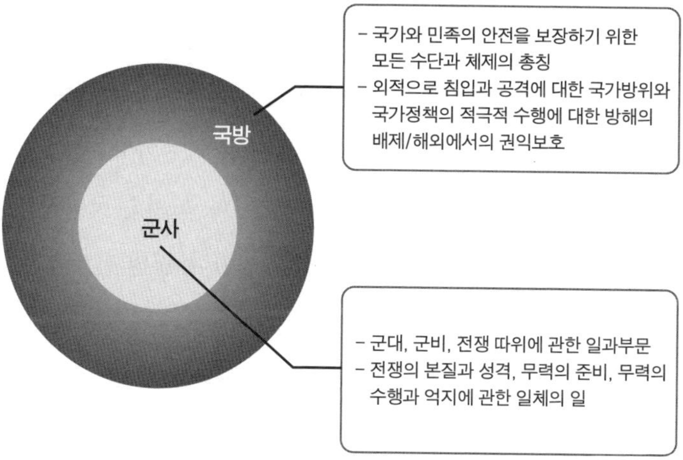

〈그림 1-2〉 국방 및 군사의 의미

국방교육훈련은 구성원의 전문지식을 함양하고 정신적 · 도덕적 능력 등 보편적 능력을 함양하는 데 목적을 두고 있다는 점에서 교육훈련이라는 현상 자체가 가지는 일반적인 기능을 수행하고 있다. 그러나 군은 무력이라는 독특한 수단을 관리하는 집단이기에 조직의 특성이 민간 사회의 조직과는 매우 다르다(Huntington, 1987; Moskos & Wood, 1988). 따라서 그 구성원들에게 요구되는 전문지식과 정신적 · 도덕적 능력 역시 민간의 그것과는 다르다.

군 교육훈련의 기능은 수행적 기능, 촉진적 기능, 창조적 기능, 환류적 기능, 통합적 기능의 5대 기능으로 나누고 있다(육군본부, 1993). 먼저 수행적 기능이란 각개 장병에게 교육훈련을 함으로써 전투력을 증강하는 기능을 말한다. 촉진적 기능은 군의 구성요소인 인적, 물적, 제도적, 기술적 제 요소를 효과적으로 운용하게 하는 기능이다. 창조적 기능은 연구발전을 통해 새로운 전력을 개발하는 기능을 말하며, 환류적 기능은 교육훈련을 실시하고 그 결과에 대한 평가활동을 통해 교육훈련의 내용을 수정 보완하는 기능을 의미한다. 통합적 기능은 기술전력, 물자전력, 정신전력과 상기 기능을 통합하는 기능으로서 제반 요소들이 부대의 종합적인 전투력으로 표출되게 하는 기능이다. 국방교육훈련은 전투력 배양을 위한 핵심 수단의 하나이며, 이것은 국방교육훈련이 가지는 본원적이면서도 가장 1차적인 기능이다. 군의 전투력과 교육훈련의 관계는 군 교육훈련의 기능과 밀접하며, 그중에서도 수행적 기능과 통합적 기능이 가장 중요한 기능으로 제시되고 있다.

한편, 미군은 군의 전투력을 교리(D: Doctrine), 전략(S: Strategy), 무기체계(W: Weapon system), 장비(E: Equipment), 인원(P: Person), 교육훈련(T: Training)의 함수로 표시하고 있다(Stelton, 1989).

전투력(C)= f{(D, S) X (W, E, P) X T}

전투력 분야에서 교리와 전략은 군사력 운용 측면이며, 무기체계 및 장비와 인원은 군사력 건설이라는 차원에서 군의 전투력은 군사력 운용과 건설 그리고 교육훈련이라는 세 가지 변수에 의해 결정된다고 할 수 있다. 이를 도표화하면 〈그림 1-3〉과 같다.

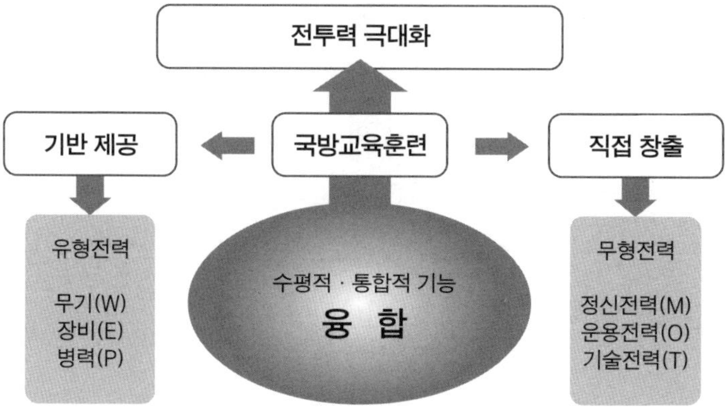

〈그림 1-3〉 국방교육훈련의 기능

〈그림 1-3〉과 같이 군사력은 유형전력과 무형전력으로 나누어진다. 유형전력은 군대가 가진 무기체계, 장비, 병력 수 등을 의미한다. 무형전력은 정신전력, 운용전력, 기술전력 등으로 나누어지는데, 싸우는 방법을 제시하는 교리를 비롯하여 조직의 문화, 조직구성원의 유형전력 운용 능력, 사기 · 군기 등을 포함하고 있다. 국방교육훈련은 인재 육성을 통해 유형전력을 창출할 수 있는 기반을 제공하는 한편, 무형전력을 육성하는 데 결정적인 영향을 미친다. 또한, 이렇게 창출된 유형전력 및 무형전력은 교육훈련을 통해 다시 하나로 융합되어 전투력으로 나타나며, 이렇게 발휘되는 전투력은 국가안전보장이라는 군의 존재 목적을 달성하게 된다.

또한, 국방교육훈련은 군 조직뿐만 아니라 사회교육으로서의 기능을 수행하고 있다. 특히, 한국군은 과거 문해교육, 국가기술인력 육성 등을 통해 국가발전에 기여해왔다. 최근에는 국가 인적자원개발과 개인의 역량개발은 물론 전역 이후 재취업을 위한 기능도 수행하고 있다.

즉, 군에서의 교육훈련과 경력을 통해 직무지식 및 각종 기술과 자격 및 대학에서의 학점으로 인정받고 있으며, 단체생활을 통한 인성 및 인격 형성으로 올바른 민주시민 육성의 도장으로서 역할을 하고 있다.

따라서 국방교육훈련 정책은 군 조직에서 요구하는 1차적 기능을 수행함과 더불어 국가 인적자원개발과 민주시민 교육의 기관으로서 역할을 달성할 수 있는 방향으로 발전되어야 한다.

제2장

국방교육훈련 체계와 환경

개요

이 장에서는 국방교육훈련 체계를 이해하고, 국방교육훈련 환경변화를 분석하고 미래전에 대비한 군 교육훈련 패러다임에 대해 알아보고자 한다.
군은 필승의 정예부대를 육성하여 국가 교육이념과 목적,
그리고 군의 교육목적을 구현할 수 있도록 목표를 설정하여 교육훈련에 적용하고 있다.
따라서 제1절에서는 국방교육훈련 체계를 이해하고,
제2절에서는 국방교육훈련 환경변화와 교육훈련 방향을 살펴보며,
제3절에서는 군 인적자원개발 정책과 국방교육훈련의 연계성에 대해 고찰했다.

학습내용

제1절 국방교육훈련의 체계

제2절 국방교육훈련 환경변화와 교육훈련 방향

제3절 군 인적자원개발 정책과 국방교육훈련

제1절

국방교육훈련의 체계

1. 군 교육의 역할 및 기능[1]

군대의 역할에 대한 대표적인 연구는 '폭력의 관리(management of violence)'를 주장하는 헌팅턴(Huntington) 학파의 견해와 '국가경찰군(constabulary force)'의 역할을 강조하는 야노비츠(Janowitz) 학파가 있다. 즉, 헌팅턴 학파의 경우 군대의 역할은 전쟁에서의 승리가 주된 목적이므로 적을 이기기 위해 군인은 전투수행에 필요한 군사지식과 군사기술을 보유해야 한다는 입장이다. 이와 같이 헌팅턴 학파는 군사력 배양의 필수요소로서 군사 교육훈련의 본질적 기능 측면을 강조하고 있음을 알 수 있다. 이와는 달리 야노비츠 학파의 경우 군대의 역할은 전투 역할뿐만 아니라 전쟁을 억제하는 역할 등 비전투 역할의 중요성에 대

1 박효선 외(2014: 18-24)를 재구성함.

해 역설하고 있으며, 이들은 전쟁에서의 승리는 군대가 수행해야 할 최소한의 역할임을 강조하면서 군인은 군사활동과 함께 비군사활동을 수행할 수 있도록 육성되어야 한다는 입장이다. 야노비츠 학파의 경우 군사 교육훈련의 본질적 측면뿐만 아니라 민주시민 도장으로서의 비본질적 기능 측면을 포함하고 있음을 알 수 있다.

인간은 고도의 과학기술에 의해 수행되는 현대전 및 미래 전장에서 교육훈련 및 군사력 건설과 운용의 주체다. 따라서 인적자원의 개발과 확보는 무기나 장비 등의 개발과 증강에 선행되는 필수적인 요소라고 볼 수 있다. 또한, 군 교육훈련은 생애주기 차원에서 군 복무 중에도 개인, 사회, 국가에서 요구되는 지식, 기술, 태도를 배양할 기회를 제공하는 역할을 수행한다고 볼 수 있다. 다시 말해 군대에서 교육훈련은 전투력 구성요소가 제대로 발휘될 수 있도록 보장해주고, 미래에 요구되는 전투력을 창출하며, 이를 통해 전투력 상승효과를 발휘케 하여 궁극적으로 전쟁에서 승리하는 개인 및 부대를 육성한다. 즉, 군 교육훈련은 군사력 배양 기능과 국가 인적자원개발 기능을 동시에 수행한다고 볼 수 있다.

첫째, 군 교육훈련은 군사력 배양의 필수요소 기능을 수행한다. 군 조직은 목표, 임무, 기술, 인원, 가치, 그리고 업무 등의 측면에서 일반 사회조직과 차별화된 특성을 지니고 있다. 군대는 적과 싸워 반드시 이겨야 하고, 교육훈련의 정도가 전쟁의 승패를 좌우한다고 볼 때 군대 생활은 곧 교육훈련의 연속이라고 볼 수 있다. 군 교육훈련은 군의 전투력 향상과 효율적인 군 조직 운영을 지향하고 있다. 미래 전장 패러다임의 변화는 '전투능력 발휘를 위한 훈련'과 '전투능력 계발을 위한 교육'을 동시에 요구하고 있다. 군의 본질적 역할 측면에서 볼 때, 평시의 교육훈련은 군대 생활의 전부이며, 이는 곧 전시의 전투 임무와 같다. 전쟁에서 부대가 필승의 전투력을 발휘하기 위해서는 우수한 교리, 편성, 장비, 물자뿐만 아니라 교육훈련이 잘된 개인과 부대가 되어 있어야 한다. 즉, 군사력을 유형전력(무기, 장비, 병력 등)과 무형전력(정신전력, 운용전력, 기술전력 등)으로 구분할 때 교육훈련은 무형전력의 질을 향상시키는 역할을 한다. 교육훈련은 직접적으로 무형전력을 향상시키나 이를 통해 유형전력의 가치를 향상시키는 것으로 군사력 건설과 운용에서 핵심적인 역할을 한다. 〈그림 2-1〉은 군사력 구성요소로서 교육훈련의 위상을 나타낸 것이다.

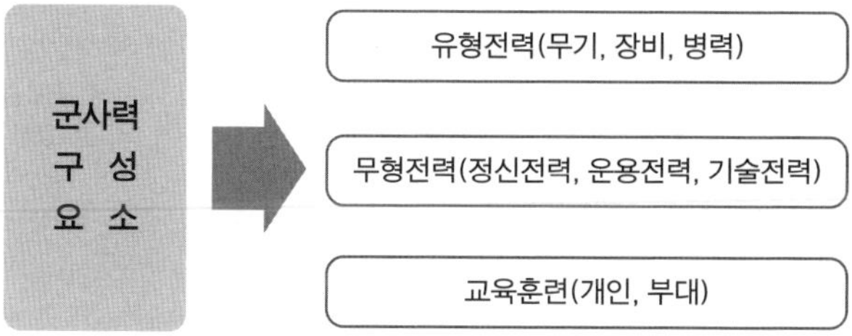

〈그림 2-1〉 군사력 구성요소로서 교육훈련의 위상

군사력 배양의 필수요소로서의 군 교육훈련의 기능을 좀 더 구체적으로 제시해보면 전력증강 기능, 전력창조 기능, 그리고 전력통합 기능의 세 가지 기능으로 구분할 수 있다(육군본부, 1992: 13). ① 전력증강 기능은 개인 및 부대로 하여금 전쟁임무 수행에 필요한 자질과 능력을 배양케 하여 전투력을 증강시키는 것이다. ② 전력창조 기능은 창의적인 연구활동을 통해 새로운 전력을 개발하고 군사전통을 창조적으로 계승 발전시키는 것이다. ③ 전력통합 기능은 교육훈련을 통해 정신전력, 물자전력, 기술전력과 더불어 전력증가 및 전력창조 기능을 유기적으로 통합하는 것이다.

둘째, 군 교육훈련은 국가 인적자원개발 기능을 수행한다. 국가 인적자원개발 기능은 군대가 하나의 거대한 교육기관으로서 군에서 복무하는 성인들에게 인격적 · 도덕적 가치를 완성하고 지식 및 기술을 연마하며, 강인한 체력단련을 하는 등 지덕체를 골고루 갖추도록 평생교육 차원의 전인교육을 실천하는 것이다. 군은 전체 사회의 하위체계로서 일반사회의 변화 및 산업발전으로부터 격리될 수 없다. 모든 구성원은 사회로부터 유입된 사회의 다양한 계층 및 요소의 구성원이다.

또한, 이들은 일정 기간 군 복무를 마친 후에는 다시 사회로 환원되어 사회의 구성원으로서 직업을 가지거나 각종 사회활동을 전개한다. 따라서 장병들은 군 복무기간 중에도 사회와 지속적인 상호작용을 하면서 군 조직 구성원인 동시에 사회의 구성원이 되고 있다. 〈그림 2-2〉는 학교-군 복무-직업세계로의 이행과정을 나타낸 것이다.

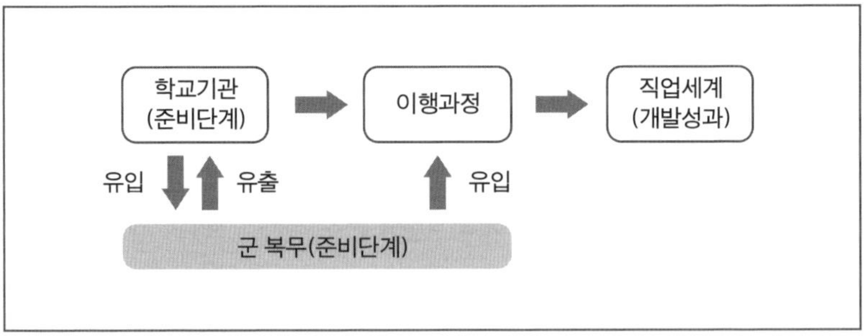

〈그림 2-2〉 학교-군 복무-직업세계 이행과정

군대교육은 군인으로서 필요한 자질과 능력을 함양하는 것이지만, 사회적으로도 중요한 의미를 지니고 있다. 우리나라의 경우 모든 국민은 국방의 의무를 지는 국민 개병제를 채택하고 있기 때문에 우리 군대는 청년기의 장병들에 대한 평생교육적 기능을 수행하고 있다고 볼 수 있다. 우리 군은 군 복무를 위해 입대하는 청소년에게 군대라는 조직이 필요로 하는 책임성, 단체성, 전문성, 군인정신 등과 같은 가치와 규범을 교육할 뿐만 아니라 더 나아가 군대 내에서 습득한 국가공동체 의식, 사회적 책임성, 자아정체성, 인간관계, 개인적 덕성 등의 성숙은 이들이 전역 후 사회생활을 할 경우 우리 사회의 발전에 순기능 역할을 하게 될 것이다. 그동안 우리 군은 사회발전 추세에 따라 문맹퇴치교육, 국가산업 기술인력 양성, 시민의식교육 등의 평생교육기관 역할을 수행하여 국가 인적자원개발에 기여해왔다고 볼 수 있다.

2. 군 교육의 목표 및 중점

한국군은 창군 이래 지금까지 많은 역경과 시련을 극복하면서 군의 전투력 창출을 위한 교육훈련의 발전을 적극적으로 이룩해왔다. 그 결과 선진 정예군 건설을 위해 정예화, 과학화, 자주화 그리고 정보화의 추진과정에서 양적 · 질적으로 괄목할만한 성과를 거두었다. 그동안 한국군은 육 · 해 · 공군 중심의 각기 다른 교육훈련체계를 유지하면서 발전했다. 그러나 국방부 차원에서 통합 전투력 발휘를 극대화할 수 있는 종합적이며 체계적인 교육훈련 정책의 발전은 다소 미흡했다고 볼 수 있다.

군 교육훈련의 목적은 개인 및 부대로 하여금 군의 사명에 따라 부여받은 임무를 수행할 수 있도록 그 능력을 향상 및 발전시키는 데 있다. 국방부에서는 교육훈련의 목적을 "적과 싸워 이길 수 있는 개인 및 부대를 육성하는 데 있다. 이를 위해 각 개인은 임무수행에 필요한 능력과 자질을 배양하고, 부대는 조직체로서의 기능을 최대한 발휘할 수 있도록 인적 · 물적 요소를 효율적으로 통합하여 임전필승의 전투력을 완비하도록 하는 것"으로 설정하고 있다(국방부, 2002: 제5~6조). 군은 필승의 정예부대를 육성하여 국가 교육이념과 목적, 그리고 군의 교육목적을 구현할 수 있도록 교육훈련의 목표를 설정하여 교육훈련에 적용하고 있다. 국방부의 경우 교육훈련의 중점을 개인에 대해서는 군부대의 구성원으로서 임무수행에 필요한 자질을 배양할 수 있도록 '창의적 군사전문가', '강인한 전투군인', 그리고 '건전한 민주시민'의 세 가지로 설정하고 있다. 또한, 부대에 대해서는 조직체로서의 기능을 최대로 발휘할 수 있도록 인적 · 물적 요소를 효율적으로 통합하여 임전필승의 전투력을 발휘할 수 있는 능력을 배양하여 '통합 전투력 발휘훈련', '실전적 훈련', 그리고 '기술집약적 교육훈련'의 세 가지로 설정하고 있다.

제2절

국방교육훈련 환경변화와 교육훈련 방향

1. 세계 안보정세와 국방교육훈련 환경변화

현대국가의 안보환경은 군사적 차원의 전통적 국가안보에서 테러·대량살상무기·마약 및 범죄, 재해 및 재난, 경제적 가난과 인권침해 등 비군사적 차원의 인간안보로 확대 변환되고 있다. 세계 각지에서 영토, 종교, 인종 문제 등 뿌리 깊은 갈등 요인으로 인해 국지분쟁이 감소하기보다 오히려 증가하고 있는 실정이다. 또한, 초국가적 위협의 확산으로 안보위협은 더욱 다양해지고, 국제사회의 안보 불확실성은 더욱 커지고 있다. 2020년 국방백서를 토대로 세계안보환경을 살펴보면 다음과 같다(국방부, 2020).

첫째, 코로나19와 안보환경의 변동성 증대다. 2019년 말에 시작된 코로나19가 빠른 속도로 전 세계로 확산되면서 국제사회에 유례없는 복합적 안보위기 상황을 초래했다. 2020년 3월 세계보건기구(WHO)가

팬데믹(Pandemic)을 선언한 후 9개월 만에 세계적으로 6,100만 명 이상의 확진자와 140만 명 이상의 사망자가 발생하여 제2차 세계대전 이후 최대 인명 피해를 가져오고 있다.

코로나19는 각국의 보건의료체계를 비롯한 사회시스템의 마비를 초래하고, 글로벌 공급망의 단절, 경제활동 위축, 대규모 실업 등 국제경제위기를 가져왔으며, 세계 곳곳에서 인종혐오 범죄, 정부의 격리조치에 대한 경제적 취약계층의 반대시위 등 사회적 갈등을 불러일으켰다. 이와 같이 보건 분야에서 시작된 위기가 정치 · 경제 · 사회적 위기로 확대됨에 따라 국제사회에 중대한 안보위협이 되고 있다.

미국과 중국의 전략적 경쟁이 심화되고 있는 가운데, 코로나19의 전 세계적 확산은 국제안보환경의 불안정성을 가중시키고 있다. 미국은 '인도 · 태평양 전략'을 통해 중국의 영향력 확대를 견제하면서 기존의 동맹국 및 우방국과 협력을 강화하는 동시에 새로운 파트너십과 다양한 협력 기회를 모색하고 있다. 중국은 '일대일로 구상'을 추진하면서 자국의 이익 보호와 영향력 확대를 위해 노력하고 있다.

또한, 코로나19 초기 대응 시 국제사회는 국제기구나 지역협력체 차원의 공동대응보다는 국경 봉쇄 등의 자국 우선주의 경향을 보였다. 이러한 경향은 다양한 안보위협에 대한 국제사회의 결속과 다자안보협력을 약화시키는 요인이 되고 있다.

한편 사이버위협, 테러, 재난 등 초국가적 · 비군사적 안보위협도 여전히 국제안보의 위협요소가 되고 있다. 코로나19 확산 방지를 위한 사회 각 분야에서 원격근무, 의료, 교육이 보편화되고 디지털 의존성이 심화되는 상황에서 사이버 공격은 정보통신기술 발전에 비례하여 증가하고 있다. 국제테러는 코로나19 상황에서 ISIS(Islamic State of Iraq and

Syria)와 알 카에다의 조직재건, 서방권 대상 테러선동 등 불안이 지속되고 있으며, 코로나19 장기화와 경제난 심화 등으로 선원 피랍 등 해적행위가 급증하고 있다. 또한, 최근 각국에서 대형 산불 및 슈퍼 사이클론과 홍수, 화산폭발, 지진 등 자연재해가 지속되고 있다. 이러한 재난의 피해 규모가 날로 커지고 있으며, 예측마저 어려워 발생 국가의 노력만으로는 구호와 재건에 한계가 있어 국제적인 공조 필요성이 더욱 중요해지고 있다.

둘째, 군비 경쟁과 지정학적 요인 등에 따른 강대국 간 갈등이 상존하며, 지역별로 영토 · 종교 등 전통적인 갈등 요인으로 인한 안보위협도 상존하고 있다. 아 · 태 지역에서는 미국과 중국이 상호 견제 성격의 군사 행보를 지속하고 있다. 또한, 미국이 중거리핵전략조약(INF: Intermediate-range Nuclear Forces Treaty)을 폐기하는 등 군비통제 등을 둘러싼 마국과 러시아 간 전략경쟁이 심화될 가능성이 보이고 있다. 중국과 인도는 히말라야 서부 국경지대 관할권을 두고 분쟁 중인 가운데 2020년 6월 양국 간 유혈충돌이 발생했다.

유럽 지역은 영국의 유럽연합(EU) 탈퇴, 북대서양조약기구(NATO) 방위비 분담금 문제를 둘러싼 미국과 유럽의 갈등 등 다양한 대내외적 도전에 직면하고 있다. 또한, 유럽연합은 2020년 7월 말 종료 예정이던 러시아에 대한 크림반도 병합 관련 경제제재를 6개월 재연장하여 유럽연합과 러시아 간 갈등이 지속되고 있다.

중동 지역에서는 ISIS 같은 폭력적 극단주의 세력이 약화되고 있으나, 수년간 지속되어온 시리아와 예멘에서의 내전이 단기간 내 종전되기는 쉽지 않을 전망이다. 또한, 2018년 5월 미국이 이란 핵 합의의 탈퇴를 선언하고 대이란 독자제재를 복원시킨 이후 이란의 호르무즈해

협 봉쇄위협 등이 전개되면서 역내 긴장이 고조되었으며, 이스라엘과 팔레스타인 간 갈등도 지속되고 있다.

아프리카 지역에서도 저개발 등 만성적인 문제들로 인한 정치 세력 간 투쟁, 종족 간 갈등, 폭력적 극단주의 세력에 의한 테러 등으로 인해 정치 · 경제 불안이 지속되고 있다. 사헬(Sahel)지역 국가들 및 동아프리카의 소말리아 등지에서 이슬람 극단주의 무장단체들의 공격이 여전히 발생하고 있으며, 서아프리카 기니만 해역 내 해적 공격이 급증하고 있다.

셋째, 안보위협 대응을 위한 국제사회의 공조 노력이 강화되고 있다. 코로나19의 전 세계적 확산을 경험하면서 국제사회의 공조와 협력 필요성이 높아지고 있다. 특히, 감염병, 기후변화, 테러 등 초국가적 · 비군사적 안보위협이 개발국가나 일부 지역만의 문제가 아니라는 점에서 세계 각국은 공동의 위기극복을 위한 연대와 협력에 대한 노력이 촉구되고 있다.

국제사회는 2020년 3월 개최된 G20 특별 화상 정상회의와 4월에 개최된 아세안+3 특별정상회의, 5월 세계보건기구, 11월 개최된 APEC 정상회의와 G20 화상 정상회의를 통해 코로나19 대응을 위해 국제기구와 협력하여 노력할 것을 결의했고, 국제사회의 공동대응을 촉구했다. 그리고 의료지원이 필요한 국가에 방역물자를 지원하고, 코로나19 백신과 치료제 개발을 위한 기금을 마련하는 등 국제사회 공조도 진행되고 있다.

또한, 사이버위협에 대한 효과적인 대응을 위해 국제사회는 사이버공간총회, 유엔정부전문가그룹(GGE: Group of Governmental Experts), 유엔 개방형작업반(Oewg: Open-Ended Working Group), 서울안보대화(SDD:

Seoul Defense Dialogue), 사이버워킹그룹, 아세안 확대 국방장관회의(ADMM-Plus: ASEAN Ministers' Meeting-Plus), 사이버안보 전문가워킹그룹 등을 통해 지속 협력하고 있다.

아울러 대규모 재난이 발생하는 경우 구조 및 복구지원을 위해 아세안 지역안보포럼(ARF: ASSEN Regional Forum), 지역재난지역협조센터[RHHC: Regional HADR(Humanitarian Assistance Disaster Relief) Coordination Center], 유엔 인도주의 업무조정국 산하 지역협의체 등 다자안보협의체를 활용하여 공동 협조 방안을 논의하고 있다.

오늘날 4차 산업혁명 시대는 사회 전반에 걸쳐 첨단 과학기술의 발전과 적용이 확산되고 있으며, 지식이 경쟁의 원천이 되고 신지식인이 조직의 핵심인재로 자리매김하고 있다. 결국 지식기반사회에서는 새로운 지식을 학습-공유-전파-가공 · 창출할 수 있는 능력을 갖춘 신지식인이 핵심을 이루고 우대받는 사회가 될 것이다. 따라서 군에서도 지식기반사회 전반에 걸쳐 끊임없이 창출되고 유통되는 지식 · 기술 · 정보를 실시간으로 습득 및 활용할 수 있는 지식관리체계와 더불어 창의력과 학습력 및 적응력을 구비한 신지식인의 중요성이 더욱 증대되고 있다. 또한, 미래의 군 조직도 조직구성원의 고도 전문화 · 고생산성화 · 고학력화가 요구될 것이며, 개인 및 조직의 경쟁력과 생존력을 향상시키기 위한 교육훈련 요구가 증대될 것이다.

한편, 4차 산업혁명 시대의 교육 패러다임 변화는 교육과 관련된 제 측면에서의 혁신을 요구할 것이다. 이러한 혁신은 거시적으로 교육철학이나 교육정책의 변화를 촉발할 것이며, 학교풍토나 교육풍토, 교육제도 운영 규범에서의 혁신을 요구할 것이다. 그러나 무엇보다 교육패러다임의 변화는 교육체계와 제도, 교육과정과 내용, 교육 방법 등에서 근본적인 변화를 요구하게 될 것이다. 교육체제와 제도 측면에서는 새로운 교육내용과 방법이 결합된 학교교육 재구조화가 추진되어야 할 것이다. 더불어 교육과정이나 내용이 지식기반사회에서 장병들에게 요구되는 능력 중심으로 재편되어야 할 것이다. 또한, 교육 방법 측면에서는 디지털기술을 이용한 교육 방법으로 전환되어야 할 것이다. 이러한 패러다임의 변화에 따른 교육훈련과 방향을 도표화하면 〈그림 2-3〉과 같다.

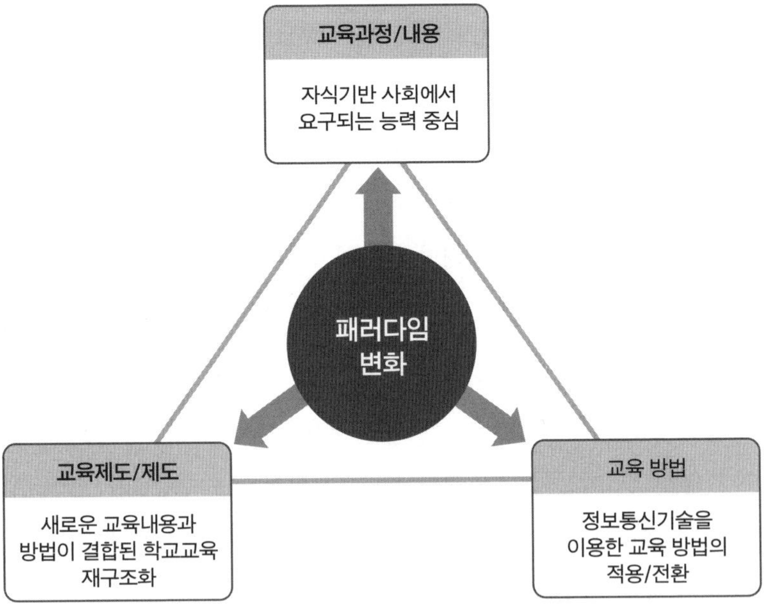

〈그림 2-3〉 패러다임의 변화에 따른 교육훈련 변화 방향

제3절

군 인적자원개발 정책과 국방교육훈련

1. 군 인적자원개발의 개념과 정의[2]

군 인적자원개발(Military Human Resources Development)은 인적자원개발을 특정 조직에 적용해 명명하는 것처럼 군대조직에 적용한 용어다. 군대조직에서 '인적자원'은 군인과 군무원, 기타 구성원이 지닌 지식, 기술, 역량을 기반으로 전투력을 증대시키는 매우 중요한 요소다. 더불어 '개발'은 군 조직의 특성상 '교육', '훈련'과 혼용되고 있기 때문에 명확한 개념 정의가 요구된다. 일반적으로 '교육(education)'은 "미래 직무의 수행성과를 개선하기 위한 학습 활동"을 말하며, '훈련(training)'은 "현재 직무의 수행성과를 개선하기 위한 학습활동"으로 정의되고 있다(배을규, 2009). 그러나 대부분 군에서는 '교육'과 '훈련'을 합성하여

2 박효선(2014: 7-14)을 수정 보완했음.

'교육훈련'이라는 용어를 사용하고 있다. '개발'은 개인 욕구를 충족시키고, 군 조직의 전투기술 수준과 전투 수행 방식을 향상하며, 국가와 사회에서 요구하는 건전한 시민으로 발전시키는 것이다(육군본부, 2008: 29).

인적자원개발이란 "개인이 사회 수준, 국가 수준에서뿐만 아니라 개인 수준에서도 활용할 수 있는 지식과 기술, 기타 속성들을 체화하는 과정"을 말한다. 인적자원개발의 정의는 미국의 성인교육학자인 내들러(L. Nadler)에 의해 처음 제기된 것으로 알려져 있다(조은상, 2007: 51). 내들러는 그것을 사회 수준(경제 활동)에 초점을 맞추어 개념화했다(Nadler, 1970; Nadler & Nadler, 1990). 내들러는 인적자원개발을 "성과 개선(performance improvement) 가능성 또는 개인의 성장을 낳기 위해 특정 시간 내에 '고용주'들이 제공하는 조직적인 학습 경험"이라고 정의했다. '조직적'이란 "우발적 학습이라기보다는 정규 또는 비정규 학습을 포함하는 의도적 또는 목적의식적 학습"을 의미한다. 이러한 학습은 고용주가 주도하는 훈련, 교육, 개발 등을 통해 이루어지게 되는데, 그 결과 피고용인의 기능, 태도, 지식이 개선되는 성과를 낳는 것으로 나타났다(Bell, 1989: 4-13). 길리 외(Gilley & Eggland, 1989)는 인적자원개발을 "직무, 개인, 조직을 향상시킬 목적으로 조직에서 실행되는 조직화된 학습 활동"으로 정의하기도 했다.

내들러가 정의하는 인적자원개발은 학습을 통해 노동시장에 적합한 기능, 태도, 지식을 갖춘 노동을 산출하는 과정으로 볼 수 있다. 특히, 내들러(Nadler, 1970)의 『Developing Human Resource』의 백미는 인적자원개발의 개념 모형 못지않게 인적자원의 사회사(社會史)다. 인적자원개발의 발전사는 전쟁사였다. 인적자원개발이 미국에서 탄생한 데는 전쟁과 산업이라는 태반이 자라고 있었기 때문이다. 이 같은 관점은 우리 군이 강군이 되기 위해 군 인적자원개발 정책이 얼마나 가치 있는지, 또 이를 아는 군 지도자의 필요성과 역할이 무엇인지 알게 해준다.

결국 인적자원개발의 협의의 개념은 한 조직 내에서 직무 성과의 향상과 조직과 개인의 성장 가능성을 증대시키기 위해 개인 개발, 조직 개발, 경력 개발을 통합한 의도적이며 조직적인 학습 활동을 말한다. 광의의 개념은 일방적인 조직의 교육훈련이며, 그 범위가 확대되어 국가의 기초능력, 기술력, 정보력, 도덕적 성숙 등 인간의 능력과 품성을 갖춘 인적자원의 효율적 개발과 활용을 위한 국가와 사회적 제반 노력이다(이희수, 2003).

그동안 군 인적자원개발 관련 연구는 국방 인력개발이라는 관점에서 현안 연구 위주로 단편적으로 진행되었다. 1997년 한국국방연구원에서는 「21세기 대비 군 평생교육 체계 연구」를 통해 군의 평생교육 체계를 구축함으로써 국가 인적자원개발의 필요성을 제기했으며, 1998년에는 「21세기 대비 군-사회관계 발전 방안 연구」를 통해 군을 경제기술군, 국민교육군, 위민군으로 보고 국가 정책을 이행하고 수행하는 제복 입은 시민으로서 군인의 역할을 강조했다. 본격적인 인적자원개발 차원의 연구는 최병욱(2002)이 한국군의 교육훈련 체계를 단기적 전투원 육성에 주안을 둔 '훈련형' 체제로부터 인적자원 '개발형' 체제로 전환할 것을 제안한 때부터다. 2003년부터는 국가 경쟁력의 핵심 요소인 리더십 교육을 위해 군 내부 교육체제의 변화와 연구기관(리더십센터, 지상전연구소 등) 설립이 활발하게 추진되고 있다.

그동안 군은 경제 발전과 사회변화에 부응해 사회적 · 교육적 기능을 수행하여 국가 발전에 일익을 담당해온 것으로 평가되고 있다(이

종인 외, 1997: 44). 군은 1970년대 이전에는 문맹퇴치 교육을, 1970년대 초반부터 1980년대 중반에는 기술인력 양성을, 1980년대 중반부터는 시민의식과 인성교육을 수행함으로써 사회와 경제 발전에 기여해왔다. 또한, 1990년대 후반부터는 정보화시대를 맞이해 정보화 교육도장의 역할을 수행했으며, 최근에는 외국어교육과 충 · 효 · 예 교육 등의 시민교육을 강화해나가고 있다(이정표, 2003: 3). 이와 같이 군은 시대적 변화의 요구에 따라 국가적 · 사회적 공교육을 담당해 국가 인적자원개발에 기여했다. 그러나 이는 조직원(군 복무자)의 욕구와 목적에 부합하지 못한 획일적이고 정치적인 학습(교육)이었다.

군에서 '인적자원개발'이라는 용어가 공식적으로 사용된 것은 2003년 5월 군 인적자원개발을 위한 공동학술연구협약 체결부터였다. 짧은 기간의 공동연구를 토대로 하여 군은 국가 인적자원개발을 모델로 군 인적자원개발 정책을 발전시켜왔다. 당시 교육인적자원부는 인적자원을 "국가 · 사회 발전과 국민 개개인의 삶의 질 향상을 위해 갖추어야 할 기술력 · 정보력 그리고 도덕적 성숙 등 가치 있는 인간의 제 능력과 품성"이라고 규정했다(한국교육개발원, 2003: 18). 이러한 개념 규정은 국제환경과 정보화사회(information society)로 이전한 사회 환경, 세계화(globalization)를 통해 지역적 경계를 초월해 무한경쟁에 접어든 경제 여건, 그리고 부가가치의 창출에서 지식과 정보가 차지하는 비중이 증대해나가는 지식기반사회(knowledge-based society)로의 진입이라는 맥락에서 가치 창조의 능동적인 주체가 되는 "인간의 제 능력과 품성"을 강조하고 있다(이선 외, 1999: 1-4).

이에 따라 군에서도 군 인적자원개발을 "군 복무자를 대상으로 교육훈련과 경력 관리를 통해 국가 수준, 군 조직 수준, 개인 수준에서 활용될 수 있는 다양한 능력을 계발하는 과정"으로 조작적 정의를 했다(이만희, 2003). 따라서 군 인적자원개발은 국가 수준에서는 지식기반 확충에 기여하고, 군 조직 수준에서는 생산성과 전문성 향상에 기여하며, 개인 수준에서는 전문성 및 자기계발에 기여하는 것이다. 또한, 육군에서는 군 인적자원개발을 "장병들의 군 생활 전반에 걸쳐 이루어지는 교육, 훈련, 군사 임무 수행, 전투 준비 태세, 연구개발 등을 통해 각급 제대의 조직이 각급 부대 수준, 병과 및 기능별 수준, 장병 개인 수준에서 필요로 하는 다양한 창조적 능력을 장병 개인에게 부여하는 과정(육군본부, 2004c: 7)"이라고 정의했다. 아울러 군 인적자원개발은 인적자원의 양성, 배분, 활용, 내용을 포함하고 있을 뿐 아니라 이를 지원하고 여건을 개선하기 위한 군 내 · 외적 제반 활동을 포함하고 있다고 했다.

국방부에서 제시한 군 인적자원개발의 기본 개념은 다음과 같다(국방부, 2006c). 첫째, 무기체계의 첨단화에 따른 기술 집약형 군 건설을 위해 이를 선도할 수 있는 전문인력을 체계적으로 육성하는 것이다. 따라서 미래 전장 환경에 필요한 첨단 과학기술을 기능별로 세분화하고, 분야별 소요, 교육, 활용이 연계되도록 전문인력양성 체계를 구축한다. 둘째, 군 간부들의 학습 욕구를 충족시키고 잠재역량을 개발하는 것이다. 이를 위해 군은 간부들의 능력 개발과 실무연수 등의 직무 향상 교육 기회를 확대해 개인의 교육 욕구를 최대한 충족시켜주고, 정책 마인드 증진을 위한 연수 과정 개발 등 미래 국방 환경변화를 주도하기 위한 교육환경을 구축해야 한다.

셋째, 군 복무 기간 중에도 중단 없는 학습을 지원한다. 군은 군내 각급 교육기관과 실무 부대에서 다양한 기술교육을 실시하고 있으나, 이에 대한 사회적 인증체계 구축과 여건 마련이 시급한 상황이다. 따라서 군 복무 기간이 사회와 단절된 공백기가 아닌 생산적인 기간으로 전환되도록 체계를 구축해야 한다.

'군 인적자원개발 종합계획'은 2006년부터 '제2차 국가 인적자원개발 기본계획(2006~2010)'에 포함되어 추진됐다. 그러나 아직도 군 인적자원개발의 범주와 정의가 명확하지 않다. 따라서 군 인적자원개발의 하위 구성요소의 식별을 통해 새로운 개념적 모형을 설정해야 하고, 군 인적자원개발의 새로운 패러다임을 설정하여 정책 방향과 과제를 도출하는 데 활용해야 한다. 그 방향으로 하위 구성요소와 목표, 개발 대상, 개발 방법 등을 망라해 총체적인 검토가 이루어져야 한다.

먼저 군 인적자원개발의 하위 구성요소는 크게 네 가지로, 개발 목표, 개발 대상, 개발 체계, 개발 방법이 그것이다. 군 인적자원개발의 목표는 개인 욕구, 군 조직 소요, 국가 요구, 사회 요구를 포함해야 한다. 또한, 개발 대상은 장교, 생도(후보생), 부사관, 현역병, 군무원이 포함되어야 하며, 개발 체계는 군사학교, 실무부대, 공공기관, 민간학교, 민간기관으로 구분해야 한다. 마지막으로 개발 방법은 학교교육, 부대훈련, 자기계발, 조직 개발, 순환근무를 포함해야 한다.

2. 군 인적자원개발 정책과 국방교육훈련

군 인적자원개발 정책이 군에 도입되기 전에는 〈그림 2-4〉와 같이 군 인적자원개발 교육훈련 체계를 학교교육과 부대훈련으로 대별했다. 학교교육은 군사교육과 전문교육으로 구분한다. 군사교육은 양성교육과 보수교육으로, 전문교육은 전문 학위 교육, 국외 군사 교육, 직무 향상 교육으로 구분한다. 또한, 부대훈련은 개인훈련과 집체훈련으로 구분한다. 개인훈련은 기본훈련과 특기훈련으로, 집체훈련은 병과훈련, 제병협동훈련, 합동훈련, 연합훈련으로 구분한다. 학교교육은 학교와 교육기관에 입교한 교육생이 장차 부대(서) 구성원으로서 임무 수행에 필요한 기본지식과 기술을 습득하고 잠재능력을 계발할 수 있도록 하는 교육으로, 군사교육과 전문교육으로 구분한다.

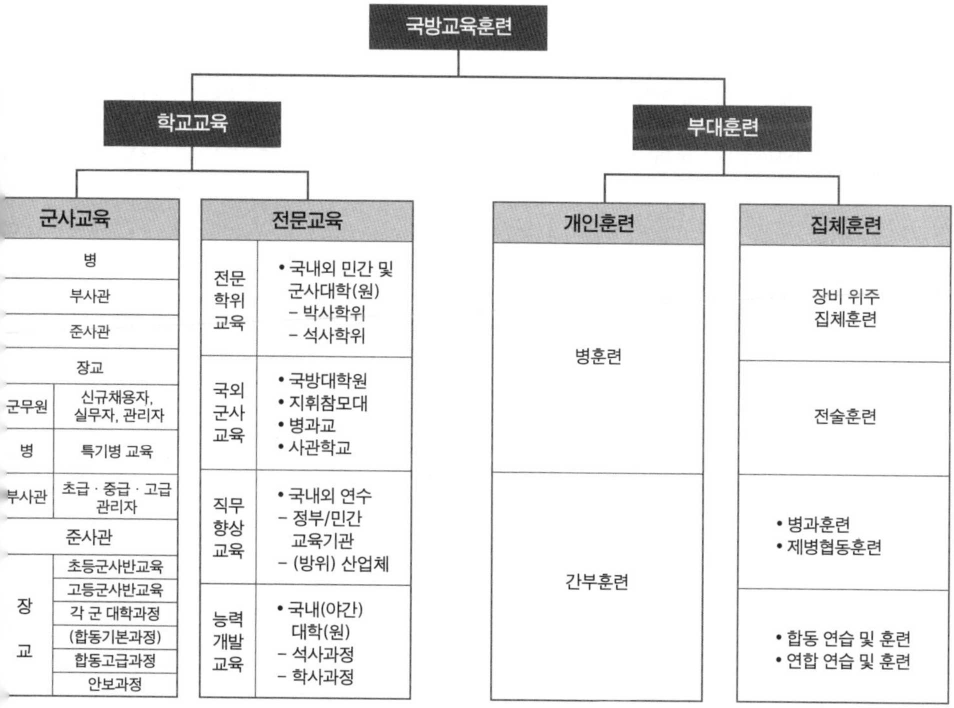

〈그림 2 - 4〉 군 교육훈련 체계도

출처: 국방부, 『국방교육훈련규정』(서울: 국방부, 2020), 별표 15-2.

첫째, 군사교육은 군 구성원의 군사 전문성과 일반 학문 및 직무지식을 향상시키기 위해 군내 학교에서 실시하는 교육(국방대학교 석사과정은 제외)으로 양성교육과 보수교육으로 구분한다. 양성교육은 민간인을 군인화하는 과정으로 징집 또는 지원에 의해 선발된 사관생도와 각종 후보생이나 병사 입대자를 대상으로 한다. 군인으로서 필요한 정신, 태도, 체력, 각 군의 직무 수행상 필요로 하는 기본적인 군사 지식과 일반 학문 지식, 기술을 갖추게 하는 교육이다. 보수교육은 양성교육을 이수해 임관된 장교, 준사관, 부사관과 기본훈련 과정을 마친 병사가 계급과 직책에 상응하는 임무 수행 능력을 배양할 수 있도록 병과, 특기와 직능의 실무 지식을 습득하게 하고, 차상급 직위의 직무 수행 능력을 계발하는 교육이다.

둘째, 전문교육은 특수 직위에 복무하거나 자질 향상이 필요한 장병을 위해 국내 · 외 대학(원), 국외 군사 교육기관과 기타 교육 · 연수기관에서 실시하는 교육이다. 전문 학위 교육, 국외 군사교육, 직무 향상 교육 및 능력 계발 교육으로 구분한다. 전문 학위 교육은 정책 부서, 연구소, 학교 등 석사학위 이상의 학문적 지식을 요구하는 분야에 활용할 인재를 양성하기 위해 국내 · 외 민간대학(원)에서 시행한다. 국외 군사교육은 선진 군사 지식 습득, 국가별 지역전문가 양성, 우방국과의 협력 증진을 목표로 외국의 국방대학원, 지휘참모대학, 병과학교와 사관학교 등에서 실시한다. 직무 향상 교육은 직무와 관련된 신지식, 기술, 교리 등을 습득하여 직무 수행 능력을 향상하기 위해 국외 연수와 국내 연수로 구분해 시행한다. 능력 계발 교육은 개인의 능력과 자질 향상을 위해 국내 야간대학(원)이나 일부 주간(전문)대학에 위탁해 시행하는 교육이다.

부대훈련은 개인과 부대가 부여된 임무를 효과적으로 수행할 수 있도록 체득한 지식과 기술을 숙달시켜 전술과 전기를 조직적으로 실행할 수 있도록 하는 훈련으로, 개인훈련과 집체훈련으로 대별된다. 개인훈련은 병과나 직능에 구애됨 없이 모든 장병에게 실시되는 기본훈련과 전문화 능력을 구비하기 위해 각급 지휘관 책임하에 부대 임무 및 특성을 고려하여 실시하는 특기훈련으로 구분된다. 집체훈련은 개인과 부대의 전기 전술을 조직적인 전투력으로 결집시키며, 통합적인 전투력을 발휘하기 위한 훈련으로 병과훈련, 제병협동훈련, 합동훈련, 연합훈련으로 구분한다.

이와 같은 교육훈련 체계는 그동안 지속적으로 보완되고 발전해 왔다. 최근에는 군 복무 기간의 단축 등으로 병 교육훈련 체계를 강화하고, 과학화 교육훈련 체계를 발전시켜 교육훈련에 전념할 수 있는 여건을 조성하는 등 교육훈련 체계를 개선하고 있다(국방부, 2010b: 146).

제3장

군사전문가의 역량과 개발

개요

이 장에서는 군사전문가로서 갖추어야 할 역량에 대해 살펴보고, 군 간부의 역량개발과 더불어 교관의 역할과 교수 기법 등에 대해 알아보고자 한다. 교육의 질은 교관의 역량을 능가할 수 없다. 따라서 훈육 및 교육훈련 기능을 완수하기 위해 전문지식은 물론 교양 및 사실적·교육학적 교양과 역량개발에 힘써야 한다.

따라서 제1절에서는 군 간부의 역량개발을 이해하고,
제2절에서는 교관의 역할과 자질 구비조건을 살펴보며,
제3절에서는 교관의 태도 및 교수 기법에 대해 고찰했다.

학습내용

제1절

군 간부 역량개발

1. 역량의 개념과 정의

군 간부들에게 요구되는 역량과 역량을 달성하기 위해 군내 교육기관이나 야전부대 직무, 또는 민간대학의 위탁교육이나 학위교육 과정 등을 통해 지속적으로 배양해야 한다.

역량(competency)의 개념에 대한 논의와 연구는 여러 학문 영역의 학자들과 실무담당자들에 의해 활발히 논의되어왔지만, 역량을 구성하는 요소가 무엇인지, 역량의 의미가 무엇인지에 대한 합의된 정의는 없다. 일반적으로 개인의 특성으로서 '역량'이라는 용어를 처음 사용한 사람은 로버트 화이트(Robert White, 1959)였다(Rothwell & Lindholm, 1999). 이후 1960년대 후반과 1970년대 전반에 걸쳐 직무성과나 삶에서의 성공 여부를 지능이나 적성만으로 예측할 수 없기 때문에 인간의 능력에 대한 다양한 측면을 포괄하는 역량으로 봐야 한다는 일종의 역량운동이

태동했다(오헌석, 2007).

가장 잘 알려진 기원은 "평균 수행자로부터 우수한 수행자를 구별하는 행동"에 중점을 둔 1970년대 초 데이비드 맥클러랜드(David McClelland)의 연구다(Linkage, 1997). 이는 당시 해외 공보요원 선발에서 종래의 지적 능력(IQ) 중심의 선발이 업무성과의 예측과 문화적 편향성의 문제가 발생함에 따라 그에 대한 대안으로 연구되기 시작했다.

그러나 역량에 대한 정의는 학자마다, 그리고 역량에 대한 접근방식에 따라 다르다. 아래 〈표 3-1〉에서 볼 수 있듯이 학자마다 역량을 정의하는 개념은 약간씩 다르며, 통일된 개념 정의는 없다.

〈표 3-1〉 역량의 일반적 정의

학자	역량의 정의
Klemp(1980)	직무현장에서 효과적이고 우수한 성과를 산출하는 개인의 잠재적 특성
Boyatzis(1982)	직무에서 효과적이고 탁월한 수행의 원인이 되는 개인의 내적인 특성
McLagan(1982)	직무나 역할 수행에서 뛰어난 수행자와 관련된 개인의 능력 특성
Baetram(1990) * KEDI	특정한 과업을 수행할 수 있는 능력, 응급상황에 대처할 수 있는 능력, 작업환경에 의해 부과되는 자연적인 강제상황에 적응할 수 있는 능력
Fletcher(1991)	규정된 기준에 따라 업무활동을 수행하는 능력
Cuion(1991)	개인의 내적인 특성으로 다양한 상황하에서 일반적으로 나타나면서 비교적 장시간 지속되는 행동 및 사고방식
Corbin(1993)	바람직한 목표나 성과를 달성하기 위해 개인이 알아야 할 것(What one should know)과 할 수 있어야 하는 것(What one should be able do)을 포함하는 능력
Dubois(1993)	삶에서의 역할을 성공적으로 수행하도록 소요하는 개인의 특성
Spencer & Spencer(1993)	특정한 상황이나 직무 중에서 준거에 따르는 효과적이고 우수한 수행의 원인이 되는 내적인 특성
Parry(1996)	개인이 수행하는 업무의 주요한 부분들에 영향을 주고, 업무성과와 관련성이 높고, 조직에서 널리 받아들여지는 성과기준에 대비하여 측정될 수 있으며, 교육훈련과 개발을 통해 개선될 수 있는 지식과 기술, 태도의 집합체

학자	역량의 정의
Mirabile(1997)	우수 성과자와 평균 성과자를 구분해주는 지식, 기술, 특성
권대봉(1998)	조직의 핵심사업을 수행하기 위해 절대적으로 필요한 인재들만이 발휘하고 있는 고유한 역량으로서 창의성과 전문성을 바탕으로 한 자질
Green(1999)	직무 목표 달성에 사용되는 측정 가능한 업무습관 및 개인적 기술에 대한 증거자료
Lucia & Lepsinger(1999)	업무에서 효과적이거나 우수한 성과를 산출하는 개인의 잠재적 특성
Herling(2000)	최소한도로 효율적임과 동시에 결과에서 효과적인 개인에게 일관되게 보이는 행동
Schippmann et. al (2000)	특정 과업이나 활동에서의 성공적 수행 또는 특정한 수준의 사람들과 차별되는 공통된 특성
송영수(2000)	우수한 성과를 내고 있는 수행자가 보통 이하 수준의 사람들과 차별되는 공통된 특성
OECD(2002)	개인이나 사회의 요구를 성공적으로 충족시키거나 특정 활동이나 과제를 수행할 수 있는 잠재력
김태기 외(2002)	특정한 상황이나 직무에서 준거에 따른 효과적이고 우수한 수행의 원인이 되는 개인의 내적인 특성
현주 외(2004)	요구를 충족시키거나 과제를 성공적으로 수행할 수 있는 능력

출처: 오헌석(2007), 조대연 · 김재현(2007)의 일부를 수정 · 보완함, 조대규 · 김희규 · 김한별(2008)에서 재인용.

이러한 다양한 정의 중에서도 공통적으로 나타나는 것은 역량이 어떠한 '능력'을 의미한다는 것이다. 즉, 역량은 '능력'과 동일하지 않지만 밀접하다고 볼 수 있다. 능력을 나타내는 여러 가지 용어를 살펴보면 기량, 재능, 역량에 가까울수록 고도의 전문적 · 행동적 능력을 나타낸다는 주장도 있다. 또한, '학력'과 '역량'의 개념을 비교하면서 '학력'이 학교의 교육과정에 근거하여 '무엇을 배웠는가'에 근접한 개념이라면, '역량'은 학교를 비롯하여 일상생활의 여러 국면에서 길러지는 지적 능력 이상의 복합적인 능력으로 궁극적인 '행동능력'을 강조하는 개념으로 정의했다(현주 · 김양분 · 박현정 · 류한구, 2004). 이렇듯 역량의 개념은 통일된 정의는 없고 다양한 의견이 많지만, 개인의 능력, 특성과 관련된 의미가 내포되어 있고, 개인이나 조직의 목표달성 및 성과나 개인의 성공 발전을 위해 꼭 필요한 사항이라는 데는 이의가 없다고 하겠다.

역량에 대한 다양한 논의를 종합해볼 때, 역량이란 "특정한 상황이나 맥락에서 발생하는 니즈에 부합할 수 있는 능력"이라고 볼 수 있으며, 이를 위해 필요로 하는 지식, 기술, 태도뿐만 아니라 감정, 가치, 동기 등 사회적 · 행동적 요소들이 합성된 전체적인 능력이라고 볼 수 있다.

2. 국방개혁과 간부의 역량개발

간부의 역량개발은 군에서 필요로 하는 능력을 구비하는 것이며, 다른 한편으로는 국가 차원에서 전역 이후 국가 활용을 위한 교육 소요를 판단해야 한다. 먼저 군에서 국방상 필요한 능력은 미래 전쟁 양상의 변화, 첨단 과학기술의 발달, 한반도 및 주변국 안보환경의 변화, 저출산 및 고령화 시대 인적자원의 환경변화 등을 고려하여 요구되는 능력이다. 이러한 역량개발을 위한 소요 도출을 위해 국방부와 군에서 신분별 역량이 무엇인가를 살펴보면 다음과 같다.

첫째, 국방부는 미래 전장환경 특성을 고려한 미래 전쟁 양상은 정보 · 정밀타격, 입체고속기동전, 네트워크 중심전, 우주전이 될 것으로 판단하고 이러한 전쟁을 수행하기 위한 교육훈련 목표는 〈표 3-2〉와 같다.

〈표 3-2〉 미래 국방교육훈련 목표

미래 전장 하에 최고의 전투력을 발휘할 수 있는 개인 및 부대 육성 • 복합적인 임무수행 능력을 갖춘 다기능 전투원 • 고도의 군사지식과 리더십을 구비한 창의적 군사전문가 • 상시 전투준비태세를 완비한 정예부대

출처: 국방부, 『국방기본정책서(2009~2025) 부록#9 국방교육훈련정책서』(서울: 국방부, 2009), 86-47쪽.

국방교육훈련의 목표는 미래 전쟁 하에서 최고의 전투력을 발휘할 수 있는 개인 및 부대 육성에 두고, 복합적인 임무수행 능력을 갖춘 다기능 전투원, 고도의 군사지식과 리더십을 구비한 창의적 군사전문가, 상시 전투준비태세를 완비한 정예부대로 설정하고 있다(국방부, 2009). 이것은 부대를 구성하고 있는 인적자원에 대해 전투능력과 전문지식 배양을 언급하는 것이며, 무기체계를 가지고 있는 부대는 훈련을 통해 정예부대를 완성하는 개념이다.

한편, 정책목표를 기초로 국방교육훈련 소요결정을 하게 되는데, 이러한 소요를 정리한 국방교육훈련 정책 방향은 〈표 3-3〉과 같다.

〈표 3-3〉 미래 전장환경에 대비한 국방교육훈련 방향

• 합동성 강화 교육훈련체계 발전 • 학교교육체계 발전 • 부대훈련체계 발전	• 전문 군사교육체계 발전 • 교육훈련 환경과 여건 개선

출처: 국방부, 『국방기본정책서(2009~2025) 부록#9 국방교육훈련정책서』(서울: 국방부, 2009), 86-52쪽.

국방부의 교육훈련 목표와 정책 방향을 기초로 신분별 미래 교육훈련 소요 및 방향을 제시하면 〈표 3-4〉와 같다.

먼저, 장교, 부사관, 병은 공통적으로 전사(戰士)로서의 강인한 체력, 정신력, 전투 기질을 배양하고, 직책 · 주특기별 전투기술 및 과업수행능력 구비, 상황판단 및 결심, 창의적 문제해결 능력과 네트워크 중심전 체계 이해 및 신분별 운용능력 구비로 설정하고 있다.

〈표 3-4〉 미래 교육훈련 소요 및 방향

미래환경		요구되는 능력	
미래전 양상	• 전장공간 다양화 • 네트워크 중심전 • 전투수단 첨단 · 다양화 • 극한의 전장상황 극복 불변	공통	• 강인한 체력, 정신력, 전투 기질 • 전투기술 및 과업수행 • 상황판단/결심, 창의적 문제해결 • NCW체계 이해, 운용/응용
지상전 수행개념	• 전천후 감시 · 정찰로 전장 가시화 • 전투력 동시 · 통합 운용 적 중심 타격 • 다정면 공세적 기동전 수행 • 정보전, 대칭 · 비대칭 전력 활용 • 합동성 전투승수효과 · 전작권 운용	장교	• 제병협동/합동작전 수행 • 병과 및 참모업무 수행 • 전장 리더십, 훈련지도, 부대관리 • 전략, 정책, 기획업무 • 첨단장비 운용, 통합전장 관리
교육환경/ 사회변화	• 교육 패러다임 변화 • 사회 특정분야 고도화 · 기능화 • 신세대 창의성, 정보화능력 • 개인주의, 인내력 부족	부사관	• 기본 전투기술 · 주특기 숙달/지도 • 전장 리더십, 부대관리 • 소부대 전투지휘, 주특기 분야 팀장 수행 • 첨단무기 · 장비운용, 관리 전문성
군 구조개편/ 병역제도개선	• 병역감축, 간부 구성비 향상 • 단위부대 편성 완전화 • 장비 · 기술 중심군 • 병 복무 단축, 전문하사 운용	병	• 기본 전투기술, 사격 • 직책별 주특기 수행 • 첨단 과학화된 전문분야 특기 수행

출처: 육군본부, 『육군기본정책서 부록-라 교육훈련정책서』(대전: 육군본부, 2015), 85-86쪽.

장교는 전장 리더십, 교육훈련 지도 및 관리, 부대관리 능력을 함양해야 하며, 제병협동 및 합동작전 수행능력과 병과 및 참모업무 수행능력, 전략, 정책, 기획업무 능력과 첨단장비 운용 및 통합능력을 구비해야 한다.

또한, 부사관은 기본 전투기술 및 주특기 숙달과 지도, 전장 리더십 및 부대관리, 소부대 전투지휘와 주특기 분야 팀장 수행능력, 첨단무기 및 장비운용과 관리의 전문가적 수준을 요구하고 있다.

마지막으로 병은 전투현장에서 생존하고 적과 싸워 이길 수 있는 직책별 주특기 수행능력과 첨단 과학화된 전문분야 특기 수행능력을 구비하도록 하고 있다.

둘째, 미래전 양상 변화와 기술집약형 군 구조 개편 등에 대비하기 위해 분야별 우수 전문인력 양성에 많은 노력을 기울이고 있다. 특히, 「국방개혁 2.0」과 연계하여 사이버 전문인력, 연합 · 합동 전문인력, 획득 전문인력의 전문성과 활용성 제고를 중점으로 인사관리체계를 개선하고 있다.

위와 같은 정책을 추진하기 위해 ① 급증하는 사이버위협에 대한 대응능력 및 사이버전 수행능력을 발전시키기 위해 '사이버 전문인력'의 개념을 재정립했다. 그리고 사이버 전문인력을 장교 외에 부사관, 군무원까지 전 신분으로 확대하여 현역은 사이버 전문특기 또는 자격을 부여하도록 했고, 군무원은 법령 개정을 통해 사이버 직렬을 새롭게 신설했다. 또한, 신분별 획득목표에 따라 점진적으로 전문인력을 확보해 나갈 예정이며, 매년 부대개편 및 편제변동 등을 고려하여 전문성을 제고할 예정이다. ② '연합 · 합동 전문인력'은 전작권 전환 과정과 이후의 연합작전을 주도할 인재를 육성하고 활용하기 위한 제도로 합동성과 어학능력 수준에 따라 전문직위를 2개 등급(A그룹 직위: 고수준의 합동성과 어학능력이 필요한 직위, B그룹 직위: 일반수준의 합동성과 어학능력이 필요한 직위)으로 구분하여 지정하도록 했다. 먼저 전문직위 지정에 대한 검증을 강화하여 직위 지정이 객관적으로 이루어지도록 했고, 과도하게 높게 설정되어 있던 어학능력 기준을 등급에 맞게 현실화했다. 또한, 영어권 국가에서 6개월 이상 위탁교육을 이수한 인원에게도 자격을 부여함으로써 전문인력 풀(pool)을 확대했다. 앞으로 연합 · 합동 전문인력의 합참, 연합사, 합동부대, 야전부대 간 순환근무를 활성화하고 지정된 연합 · 합동 직위에 우선 보직 되도록 보직관리를 강화하며, 단기 해외연수, 각종 훈련과정, 개인파병 기회 등을 확대하여 어학능력을 지속 향상시킬 수 있도록 지원할 예정이다. ③ '획득 전문인력'의 경우, 국방부, 합참, 방사청 및 각 군내에 획득 · 전문인력 직위를 지정하고 직위 내 순환보직을 강화하여 '소요제기-획득-운영'의 전력업무체계 전 단계에서 전문성을 갖춘 전력전문가를 육성하고자 한다. 우선, 국방부, 합참, 방사청, 각 군의 획득 · 전력직위를 정례적으로 지정하여 해당 직위 내에서 업무 연계성을 유지하도록 인사관리를 개선했다.

제2절

교관의 역할과 자질 구비요건

일반적으로 교육학에서는 가르치는 사람을 '교사' 또는 '교수자'라고 한다. 반면 군에서는 이러한 용어보다 '교관'이라는 말이 주로 사용되는데, 그 이유는 공직 신분에 있는 교수자의 직위(특히, 장교나 부사관)를 고려하여 '~관' 등으로 표현하다 보니 교관이라는 용어를 사용하는 것으로 여겨진다. 따라서 교관이란 "가르치는 사람"을 의미하며, 제반 교수활동의 주체자로서 학습자(부대원)의 잠재된 능력을 개발하고 촉진시켜야 할 책임과 사명을 가지고 있다.

1. 교관의 역할

역할(役割)은 '자기가 마땅히 해야 할 맡은 바 직책이나 임무'로 '해야 할 일' 또는 '소임'을 의미한다. 일반적으로 군대에서 교관은 학습자의 변화를 이끄는 주체로서 교육의 진행자, 안내자, 상담자, 동기부여자로서의 역할을 수행하는 핵심적인 위치에 있다. 또한, 교관의 역할은 단순히 군사지식을 설명하고 가르치는 것만이 아니라 학습자들에게 배우고자 하는 열의를 불러일으키는 촉진자(facilitator)로서 역할이 더욱 중요하다. 또한, 교관은 해당 분야에 대한 전문가뿐만 아니라 학습관리자와 학교교육에 대한 관리자이며, 학생에 대한 삶의 모범자로서 훈육관의 역할과 사고예방을 위한 안전관리자의 역할을 수행하게 된다. 이를 좀 더 자세히 정리하면 다음과 같다(육군본부, 2018).

첫째, 전문가로서의 역할이다. 교관으로서 부대원들에게 필요한 지식을 가르치는 것이며, 이를 위해 교관은 해당 분야에 대해 풍부한 지식과 경험을 갖추고 학생(부대원)들에게 지식이나 탐구방법을 전달하고 숙달시켜야 한다.

둘째, 학습관리자다. 교관은 학생들의 학습활동을 감독하고 평가하며, 각종 기록을 작성하는 등 교육훈련 관리업무를 담당한다. 즉, 단순히 가르치는 일뿐만 아니라 학습자(부대원)들에 대한 통제와 평가를 통해 학습 성과를 달성하고 지도해야 한다.

셋째, 촉진자(facilitator)다. 교관은 학생들에게 학습 기회를 제공함으로써 궁극적으로 개인적인 능력의 학습 성장과 발전에 기여한다. 동시에 학습욕구를 파악하고, 그 요구에 적합한 학습활동을 개발, 정보를 공유하고 교환할 수 있는 학습 환경을 조성한다. 또한, 부대원들에게 가치관 교육을 통해 현재 수준보다 더 나은 지적 성장을 이루도록 도와주어야 한다. 이를 위해 학습 목표를 설정하고, 지식, 기능, 역량을 제고하는 효과적인 교수 방법을 선택하여 학생의 행동과 태도를 개선해야 한다.

넷째, 학교교육 관리자 역할이다. 학교교육 관리자란 주어진 교육과정과 학교 여건을 고려하여 실현 가능한 교육목표를 수립하고, 이러한 교육목표를 달성하기 위해 학교 나름의 독자적인 교육과정을 편성하며, 또한, 교육과정 운영에 필요한 교육여건을 조성하는 제반 활동을 하는 사람이다. 교관은 학습지도자 외에 학교의 행정기능에 해당하는 업무를 수행한다.

다섯째, 학생의 학습지도 외에 상담자 및 생활지도자 역할이다. 이는 군 간부들에게 매우 중요시되는 역할이다. 교육의 목표를 달성하기 위한 방법 중 하나로 각 학습자가 독특하게 지니고 있는 발달 가능성을 발견하여 이를 최대한 개발할 수 있도록 도와줌으로써 개인적으로는 전기 전술을 숙달하고, 군 조직 면에서는 현명한 선택과 적응, 가치판단 그리고 더욱 효율적인 자기계발을 돕는다. 더불어 교관은 자신의 가치관과 신념, 그리고 사고체계 속으로 부대원들을 조기에 끌어들여 올바른 군인정신을 견지한 정예장병으로 이끌어야 한다.

또한, 생활지도는 학생에게 자기가 가지고 있는 능력, 흥미, 인격적 특성을 이해하도록 하여 이를 최대한 발전시키도록 돕는 과정이다. 나아가 장병 인성교육 차원에서 부대원들이 찾아와 군 복무 문제 전반에 걸쳐 상담할 수 있는 교관상을 정립해야 한다. 이를 위해 교관은 삶의 태도와 방식에 이르기까지 모범적인 위치에서 학습자(부대원)와의 교감을 통해 상호신뢰하고 존경하며 사랑하는 인간관계를 형성하는 등 삶의 모범자 역할을 충실히 수행해야 한다.

여섯째, 안전 관리자의 역할이다. 최근 군에서는 안전관리 전문교관 양성교육, 안전보건공단 초빙교육, 자격인증평가 등 맞춤형 안전문화 활동을 전개하고 있다. 따라서 교관은 안전문화 활동에 적극 참여하여 교육훈련 간 발생 가능한 안전사고를 사전에 예방하고, 안전 위해요소를 판단하여 부대 안정성을 평가하고, 이를 통해 안전사고를 예방해야 한다. 더불어 교육생들에게 안전관리에 대한 안목을 넓혀 군 생활 전반에 걸쳐 안전사고 위해요소를 식별하고, 그 예방대책 수립과 시행에 선도적인 역할을 수행하도록 숙달시켜야 한다.

2. 교관의 자질

자질(資質, attribute, quality, qualification, talent)이란 "타고난 성품이나 소질"로 정의된다. 이러한 자질은 학습자(부대원)를 바람직한 방향으로 지도하기 위해 교관이 갖추어야 할 구비조건이다. 훌륭한 교관이 되기 위한 구비조건으로는 군사적 전문 식견 및 직무수행능력, 지도능력 및 교수기술, 풍부한 교양, 인성적 자질, 정보기술 활용능력, 안전관리 능력을 구비한 군사적 전문성과 올바른 품성이 요구된다. 이를 살펴보면 다음과 같다(육군본부, 2018).

첫째, 군사적 식견과 직무수행능력을 구비해야 한다. 학생을 잘 교육시키기 위해 교관은 자기 분야에 대한 학습 내용의 숙지, 관련 전사 연구, 장차전 양상을 고려한 무기체계 · 장비의 변화 이해, 적에 대한 연구, 야전의 적용 실태 확인 등 풍부한 전술지식과 경험이 요구된다. 따라서 같은 내용을 교육해도 지식이 풍부한 교관은 쉽게 이해할 수 있도록 가르치고, 학습자(부대원)들의 학습 분위기도 자연스럽게 집중시킬 수 있는 군사적 식견과 직무수행능력을 겸비한 교수자가 되어야 한다.

둘째, 지도능력과 전문적인 교수기술이 요구된다. 교수기술은 교육훈련의 효율성을 제고하고, 학습자(부대원)의 잠재능력을 향상시키며, 학습의 성취수준을 최대화할 수 있는 중요한 요소다. 특히, 군대교육은 교관의 전문적인 교수기술에 따라 그 성과가 개인 또는 부대별 성과가 차이를 가져오기 때문에 더욱 중요하다.

셋째, 교관은 풍부한 교양을 지녀야 한다. 자기 전문분야의 지식은 물론 인문, 사회, 자연과학 등 학문적 측면과 동시에 예술, 체육 분야 등 다방면의 지식과 소양을 갖추어야 한다. 이를 통해 학습자와의 소통은 물론 민주시민의 전인적 소양교육이 병행될 수 있다.

넷째, 인성적 자질이다. "어떤 사람이 교관이 되어야 하는가?"라는 의미로 교관의 인성적 자질은 학습자(부대원)들의 학업 성취에 결정적인 영향을 미친다는 것을 인식해야 한다. 특히, 정서적 안정, 활동성, 정직성, 수용성, 협동성, 지도성은 교관에게 요구되는 대표적인 인성적 자질로 이러한 요소들을 초급간부 시절부터 습관화해야 한다.

다섯째, 정보기술 활용능력을 갖추어야 한다. 최근 코로나19 시대를 맞이하여 온라인 학습에 대한 요구가 늘어나고 있을 뿐만 아니라 다양한 콘텐츠를 이해하고 개발할 수 있는 능력을 구비해야 한다.

여섯째, 안전관리 능력과 지도요령이 필요하다. 전장의 불확실성은 물론 부대관리와 전투준비 차원에서 부대와 각개 병사의 위험예지능력 향상과 평시 교육훈련 간 발생 가능한 안전사고 예방의 중요성이 높아지고 있다. 따라서 안전 위해요소를 판단하여 부대와 개인의 안전성을 평가하고 지도할 수 있어야 한다.

그렇다면 군대교육에서 교관의 자질은 어떻게 향상시킬 수 있을까? 교관의 자질을 향상하는 방법은 여러 가지를 생각할 수도 있지만, 통상적으로 정리하면 다음 다섯 가지를 제시할 수 있다(박효선 외, 2014).

첫째, 지속적인 연구 및 발전이다. 새로운 사실에 대해 탐구적인 의욕을 가지고 끊임없이 연구하고 노력해야 한다. 이러한 과정을 통해 교관의 능력이 향상되고, 교육내용도 새롭게 발전되어갈 수 있으며, 학습자들로부터 존경받을 수 있다.

둘째, 타(他) 교관의 관찰이다. 교수 기법이나 자질, 능력을 향상시키기 위해 유명 강사의 동영상을 시청하는 것처럼 타 교관이나 유명 강사의 강의를 관찰하고 자신과 비교하여 그들의 우수한 점은 받아들이고 자신의 단점이나 결함은 시정해야 한다.

셋째, 교수기술의 개발이다. '교육의 질'을 높이기 위해서는 자신이 아는 지식을 타인에게 전달할 수 있는 좋은 교수기술을 가지고 있어야 한다. 아무리 많은 내용을 알고 있어도 학습자들에게 전달하지 못한다면 유능한 교관이 될 수 없다.

넷째, 건설적인 조언(助言)의 청취다. 상급자나 동료에게 자신의 장점과 단점을 관찰해서 평가해주도록 도움을 요청하고 그들의 충고를 허심탄회하게 받아들여 자기향상을 꾀해야 한다.

마지막으로 끊임없는 평가와 자기발전을 위한 노력이 필요하다. 교육이 끝난 후에는 반드시 교육결과를 분석 평가하여 잘된 것은 계속 발전시키고, 부족한 것은 시정하는 등 교관으로서 자질향상을 위해 끊임없이 평가하고 부단히 자기발전을 위해 노력해야 한다.

제3절

교관의 태도 및 교수 기법

교육훈련 현장에서 교관의 태도 및 교수법은 학생들의 학습의욕 촉진과 성과에 중요한 요소로 작용한다. 특히, 군대교육에서 교관은 교육훈련의 지도자이자 전투전문가, 부대 관리자로서 모든 면에 영향을 미치는 지도자다. 따라서 이들이 지니는 외모나 복장, 자세, 시선, 목소리, 언어, 동작, 열정과 신념은 탁월한 교수법에도 영향을 미친다.

1. 교관의 태도

'신언서판(身言書判)'이라는 말이 있다. 이 말은 한자 그대로 해석하면 용모와 말 그리고 글솜씨와 판단력을 말한다. 당나라 시대부터 시행한 인재선발 기준으로 사용되었는데, 오늘날에도 변함없이 중요시되는 기준이라 할 수 있다. 특히, 남을 가르치는 직책에 있는 교관에게는 많은 자질이 필요하겠지만, 신언서판도 그 기준으로 정하기에 손색이 없는 내용이라 할 수 있다.

따라서 교관은 단정한 용모를 갖춘 가운데 정확하고 바른 언변을 구사해야 하며, 글을 잘 써야 함은 물론, 옳고 그름을 구별하는 냉철한 판단력을 갖추어야 한다. 이러한 의미에서 교관이 지녀야 할 태도에 대해 살펴보고자 한다(박효선 외, 2014).

교육현장에서 교관의 태도는 매우 다양하며 상호 복합적인 상관관계를 유지하면서 학습자(부대원)의 학습의욕을 촉진시키는 요소로 작용한다. 실제 야전에서 보면 교관의 태도 요소를 제대로 갖추지 못하고 교육하는 경우도 많은데, 이러한 시행착오를 최소화하기 위해 다음과 같은 요소에 대해 특별히 유의해야 한다.

첫째, 외모 및 복장이다. 실제 교육현장에서 교관의 외모와 복장은 수업 분위기를 저해하는 요인이 될 수도 있다. 따라서 이상한 머리모양을 하거나 텁수룩한 수염과 깔끔하지 못한 복장이나 전투화를 착용하지 않도록 해야 하며, 교육 시 교관은 항상 단정하고 말쑥한 용모를 갖춤은 물론, 교육 장소와 내용에 맞는 적절한 복장을 착용해야 한다.

둘째, 교육 간 적절한 시선 처리다. 교관의 시선은 교육 분위기를 조성하는 데 매우 중요한 역할을 한다. 따라서 시선은 학습자(부대원)와 연결(접촉)하면서 골고루 배분하되 강의 내용과 연결하여 자연스럽고 정상적으로 유지해야 한다. 특히, 먼 곳을 주시하거나 자주 변경하면 주의가 산만해지고 특정 인원이나 장소만 주시할 경우 다른 장병들에게 소외감을 유발할 수 있으므로 주의해야 한다.

셋째, 교육 간 바른 언어 사용이다. 언어는 그 사람의 인품과 직결되며 신뢰와 존경심, 경외감, 비웃음을 유발할 수 있는 중요한 요소다.

따라서 교육 목적에 벗어난 내용의 언급은 자제해야 하며 교육 간에 속어(저속한 용어), 은어, 비어, 욕설은 사용하지 않도록 해야 한다. 특히, 최근 문자나 인터넷 채팅 시 단어를 줄여서 사용하는 '즐감', '방가' 등 유행어는 가급적 사용을 피하는 것이 좋다.

넷째, 교관의 불필요한 버릇이나 반복되는 언어 및 행동 등 습벽에 유의해야 한다. 이러한 습벽은 강의 시 나쁜 인상을 주거나 주의를 산만하게 하는 원인이 되므로 강의 시 '에~', '또~', '자!' 등을 반복하거나 자주 고개를 까딱이거나 손을 비비는 행위 등을 하지 말아야 한다.

다섯째, 교육 중 교관의 자세다. 교관의 자연스럽고 바른 자세는 교육 시 부수적 교육효과를 얻게 되므로 교관은 상황에 맞는 적절한 움직임을 유지해야 하며, 특히 호주머니에 손을 넣는 행위 및 팔꿈치를 교탁에 기대고 서는 자세 등은 피해야 하며, 계속 교안을 보면서 강의를 진행하는 모습은 학습자(부대원)에게 자신감이 결여된 것처럼 비칠 수도 있다.

여섯째, 목소리다. 목소리는 자신감이 표출되는 창구로 교육에 대한 신뢰감을 좌우하는 중요한 요소다. 야외나 인원이 많을 경우에는 교육 시작 전에 맨 끝자리 학생을 향하여 "교관의 말이 잘 들립니까?"라고 확인해야 하며 목소리의 고저, 강약, 장단의 조화는 중요한 청취효과를 가늠하는 요소임을 알아야 하겠다.

일곱째, 동작이다. 동작은 언어표현을 보조하여 수업에 활력을 넣어주는 중요한 요소로 손, 몸짓, 표정 등으로 교육내용을 적절히 표현하는 보조 수단이다. 따라서 자연성, 변화성, 일치성, 융통성, 생동성을 유지하며 조화롭게 사용해야 한다.

마지막으로 우수한 교관의 공통점은 교육에 대한 열의와 신념이 매우 높다는 것이다. 따라서 교관은 야전에서 장병들에게 교육 시 적극적이고 자신감 있는 태도를 견지한 가운데 장병들이 교육에 전념할 수 있는 분위기를 조성해야 한다.

이상으로 알아보았듯이 교관은 단순히 가르치는 사람이 아니라 관련 지식의 전문가요, 삶의 모범자이며, 상담자이고, 학습 동기 유발자이면서 동시에 학습관리자다. 따라서 군 간부가 되고자 하는 사람이나 간부는 자신이 바로 교관임을 명심하고, 교관으로서 자질과 태도를 함양하기 위해 노력해야 한다. 그리고 이를 통해 가르치고 지도한 학습자, 즉 부대원들로부터 존경받고 신뢰받는 교관이 되어야 한다.

2. 교수 기법

교수 기법(instructional technique)을 그대로 해석하면 '가르치는 기술'이라고 할 수 있다. 일반적으로 교수 기법이란 '준비된 교육내용을 가르치는 방법' 또는 '교육목표에서 달성하고자 하는 지식 · 기술 · 태도 등을 구체적으로 학습시키기 위해 계획 · 개발 · 적용 · 관리 · 평가하는 체계적인 제반 활동'이다. 결국 어떻게 가르칠 것인가와 관련되어 있다.

교수 기법은 교육 방법 측면에서 교관이 교육목표를 달성하기 위해 사용하는 구체적인 활동이나 기법을 의미한다. 군대에서는 "교관의 지식과 경험을 학생에게 전달하는 효율적인 학습이 이루어지도록 학습 활동을 조장하는 모든 방법과 요령"으로 정의하고 있다.

한편, 교수 기법은 학습 동기 조성 방법과 언어표현 기술, 질문 및 답변 기술을 대표적으로 제시하고 있다.

첫째, 학습 동기를 조성하는 방법은 필요성 제시, 흥미 유발, 조기 성공에 대한 격려, 인정과 칭찬, 경쟁 의욕 고취, 상과 벌을 적절히 적용하는 등 학습 분위기를 조성하는 것이다. 따라서 학습자가 자발적으로 학습할 수 있도록 교관이 의식적으로 부여하는 자극(마음의 결정이나 행동의 직접적인 원인)을 말한다. 이러한 학습 동기는 학습의 효과를 크게 좌우하므로 교관은 학습 동기 조성을 위해 꾸준히 노력해야 한다. 일반적으로 학습 동기는 내적동기와 외적동기, 계속동기 등으로 나누어볼 수 있다.

둘째, 언어 표현기술은 상호작용을 위한 접촉유지와 감정조절, 교육생에게 쉽게 이해시키고 적절한 유머를 사용하여 교관이 알고 있는 지식과 생각을 명확하고 논리적으로 전달하는 것을 의미한다. 수업을 담당하는 교관은 언어표현을 향상시킬 수 있도록 부단히 노력해야 한다. 교관이 아무리 많이 알고 있을지라도 이를 제대로 표현하지 못하고 전달하지 못한다면 단순히 책을 한 권 던져주고 학생이 스스로 읽고 공부하라는 것만 못하기 때문이다. 물론, 교실에서 정보를 전달하는 데 언어가 차지하는 비중이 매우 높지는 않다. 하지만 언어는 의사소통의 가장 핵심적인 위치를 점하고 있기 때문에 언어표현기술을 높이기 위해 노력해야 한다. 언어표현기술을 향상시키는 데는 다양한 방법이 있지만, 대표적인 방법으로는 접촉유지, 감정조절, 쉽게 이해시키기, 적절한 유머, 제대로 듣기 등이 있다.

셋째, 질문 및 답변 기술은 질문의 효과와 형태, 질문의 방법 및 질문에 답변하는 방법 그리고 답변 시 유의사항을 제시하고 있다. 질문 및 답변요령은 다른 교수 기법의 경우 교관(송신자)이 학생(수용자)에게 내용을 전달하는 방법인 데 비해 교관(송신자)이 자신이 전달한 내용을 학생(수용자)이 잘 이해하고 있는지를 확인하는 방법으로, 앞서 언급한 군대교육 5요소에 비추어보면, 교육성과(효과)에 대해 확인하는 방법이라 할 수 있다. 질문이란 학습자의 교육내용에 대한 이해 여부를 파악하기 위해 실시하는 기술을 말한다. 이러한 질문의 효과는 흥미 유지와 학습 분위기 조성이 가능하며, 교육 방법이 적합한지를 확인함과 동시에 배우려는 학습의욕을 자극한다. 또한, 기억을 새롭게 하여 오래 기억토록 하며, 교육내용에 대한 이해 및 숙지 여부를 판단할 수 있다.

통상 군대에서 교관 자격심사 준비 간 적용하는 세부적인 교수 기법에 대한 유형을 살펴보면 다음과 같다. 교수 방법 유형은 교육과정에서 그 주체가 어느 쪽이 되느냐에 따라 크게 교사 중심형, 학습자 중심형, 내용 중심형의 세 가지로 구분된다. 현재 군에서 적용하고 있는 학생주도형 교육 방법은 〈표 3-5〉와 같이 학습자 중심형과 유사하다.

〈표 3-5〉 교사 중심형과 학습자 중심형 교육 방법 비교

구분	교사 중심형	학습자 중심형
구조	• 교육의 결정권한이 교육기간이나 교사에 의해 결정	• 학습자의 요구에 따라 융통성 있게 변경
수업방식	• 강의식, 교과서 중심 • 암기식, 주입식 및 획일적 지도 • 수동적, 교사능력에 의존	• 탐구식 · 발견식 중심 교육 • 사고력, 문제해결능력 증진 • 능동적, 다양한 학습자료 활용
수업평가	• 표준지향 평가	• 목표지향 평가
장점	• 짧은 시간에 많은 내용 가르침 • 시간, 경비 등 경제적	• 흥미 유발, 창의력 향상 • 학습자의 성취요구 충족
교사 역할	유일한 정보 제공자 학습 결과 제공	수업의 안내자 학습 촉진자

출처: 육군본부, 교육참고 7-0-1 교수법(2006)

군대교육을 담당하는 교관은 부대원의 특성을 잘 고려하여 참신하고 동적인 교육환경을 조성하기 위해 노력해야 하며, 그들의 감성을 자극할 수 있는 형태로 교육을 계획하고 시행해야 한다.

특히, 교육의 내용과 방법 면에서 참신하고 다양한 변화가 필요한 실정이며, 과거와 같은 주입식 교육 방법으로는 관심 유발에 한계가 있을 수밖에 없고, 변화 없이 틀에 박힌 당위적인 내용만으로는 부대원들에게 감동을 줄 수 없다는 것을 인식해야 한다. 따라서 앞으로의 군대교육은 직접적인 교육을 필요로 하는 영역과 객관적인 사실과 정보를 알려주어 각자의 자율적인 판단을 유도하는 영역으로 확실히 구분하고 'MZ세대 장병'의 정서에 맞는 적절한 교육 방법을 모색해나가야 한다.

제2부

학교교육 패러다임의 전환과 플립러닝

제4장
학교교육 패러다임의 변화

개요

이 장에서는 국방교육 패러다임의 변화와 군 학교교육의 핵심인 학생 중심의 참여형 교육에 대해 다룬다. 우선 지식정보화사회의 교육 패러다임과 군 학교교육 위기 담론 및 교육 패러다임의 변화, 학생 중심 참여형 교육에 대해 고찰한다. 제1절에서는 지식정보화사회의 교육 패러다임 변화의 개념을 이해하고, 제2절에서는 군 학교교육 위기 담론과 교육 패러다임의 전환을 살펴보며, 제3절에서는 학생 중심의 참여형 교육에 대해 고찰했다.

학습내용

제1절

지식정보화사회의 교육 패러다임

지식정보화사회의 변화는 교육 패러다임의 변화에도 영향을 미치게 되었고, 변화를 요구하고 있다. 특히, 새로운 정보통신기술의 발달로 교수-학습 체제의 구조적 재조직이 일어나고 있고, 또 교육의 유형이 전례 없이 다양화하며 멀티미디어를 비롯한 새로운 매체는 교육의 규

〈표 4-1〉 사회 변화에 따른 교육 패러다임의 변화

구분	산업사회	지식정보화사회
교육개념	teaching(주입식)	learning(과제해결형)
교육목표	지식의 전수	지식의 전수 · 창출 및 활용
교육주체	교수자	학습자
교육내용	전통적 지식, 교과 중심	다원적 · 확산적 교육내용, 문제 중심
교육방법	획일적 집단수업 중심	개별화 수업, 토의식 협동수업
교육형태	학교 중심의 위계적 교육구조, 표준화된 교과과정	탈제도화, 사이버, 다변적 교과과정

출처: 한국교육개발원(2006), "창의적 인재양성과 효율적 교육체제 구축" 재구성.

모와 폭을 넓혔을 뿐만 아니라 교육 형태의 기본 틀마저 변화시키고 있다(이상균, 2012). 교육의 목표, 교육의 주체, 교육의 내용, 교육의 방법 등 주요 관점의 측면과 중점내용을 요약하면 다음과 같다.

교육개념 면에서 종전의 주입식 교육의 개념인 'teaching'에서 탈피하여 학습자가 스스로 과제를 해결해나가는 'learning' 개념으로 변화하고 있으며, 교육목표 면에서 전통적 교수-학습관은 교수-학습의 목표를 객관적이고 존재하는 지식을 전수하는 데 목표를 두는 반면, 지식정보사회에서 요구되는 인간형은 새로운 지식과 아이디어를 창출할 줄 아는 창조적인 인간, 지식정보화사회의 다양성에 적용할 수 있는 다기능 인간을 기르는 데 목표를 두게 된다는 것이다.

교육주체 면에서 산업사회의 교육방법이 교사 중심의 교육이었다면 현대교육에서는 학습자인 객체가 교육의 중심이 되어서 스스로 자발적인 노력에 의해 교육의 목표를 달성해나가고, 이때 교사는 학습자의 자발적인 학습활동을 지도해주고 도와주며 학습을 촉진시키는 역할을 하는 것을 의미한다.

교육내용 면에서 지식기반사회에서는 새로운 문제 상황을 해결할 수 있는 문제해결능력, 창의적인 지식과 정보창출능력이 강조됨에 따라 기존 지식 정보의 습득(know-what) 외에 새로운 문제를 해결할 수 있는 방법적 지식(know-how), 문제해결을 위해 정보원을 발견할 수 있는 정보원에 대한 지식(know-where, know-who) 및 비판적 지식(know-why) 등이 강조된다. 이런 맥락에서 지식기반사회에서 중점적으로 요구되는 능력으로 창의력, 정보능력, 기초능력, 커뮤니케이션 및 협동능력 등을 제시하고 있다(김규원, 2004).

교육방법 면에서 산업사회의 교육방법은 이른바 "교사는 가르치고 학생은 배운다"라는 식의 교사 주도 강의식 · 주입식으로 진행되었으나, 창의적 문제해결능력을 배양하기 위해 스스로 주체가 되는 토의식 협동수업의 필요성이 대두되었다. 새로운 정보의 대량 생산 및 지식 주기의 단축과 정보통신기술의 급속한 발전은 학교 중심의 위계적 교육구조와 표준화된 교육의 틀에 대한 변화를 초래하게 되었다. 새로운 지식에 대해 누군가의 도움을 받아 습득하기보다는 스스로 필요한 정보와 지식을 습득하기 위한 자기주도식 학습과 개별학습 그리고 평생학습 개념이 도입되게 되었고, 교육의 시 · 공간적 제약에서 벗어나 언제 어디서나 필요로 하는 지식에 접근할 수 있는 환경변화에 따라 교육의 형태에 일대 변화를 초래하게 된 것이다.

제2절

군 학교교육 위기 담론과 교육 패러다임의 전환

육군에서 학교교육의 발전을 위한 다양한 시도와 노력은 과거부터 지속되어왔지만, 그동안 육군 학교에서는 '기본 원리 위주 교육, 야전에서의 숙달'이라는 인식하에 대부분 '지식축적'에 주안을 둔 강의식 교육으로 교관(교수자) 일방적 교육을 했다. 하지만 많은 연구 결과와 외국군의 경험은 이러한 교육방법이 교육효과도 높지 않고, 더욱이 불확실한 전장 상황에서 적응성 있게 상황을 조치하고 문제를 해결하는 능력을 구비시키기에는 부족함이 나타났다.

이에 육군에서는 2011년 교과체계 발전 연구를 시작으로 학교교육 혁신을 추구하면서 학교교육의 비약적인 발전과 함께 일대 전환기를 맞이하게 되었다. 교육훈련의 패러다임을 교수자 중심에서 학생 중심으로 전환하기 위해 학교교육 혁신을 통해 변화된 교육정책을 각 학교기관과 야전부대에 전파하고 현재까지 추진 중이다. 육군 학교교육의 패러다임 전환이란 "교수자의 일방적인 강의와 학습자들의 암기 위주인 전통적인 학습방법에서 학생이 주도하는 입장에서 학습하고, 교수자는 보조자 또는 촉진자로서의 역할을 하는 방식으로 전환하는 것"을 의미한다. 즉, 과거의 교수자(공급자) 중심 교육에서 학습자(수요자) 중심 교육으로의 전환을 말하는 것으로, 이는 구성주의 학습이론이 적용된 것이라 할 수 있다.

한편 육군 교육사령부에서는 단편명령 제14-5호 「역전학습 시행지시」를 하달(2014.6.30)하여 학습자가 주도하는 학습방법을 알렸고, 2014년 7월 1일부로 모든 학교교육 기관에서 이를 전면적으로 시행했다.

플립러닝이란 학습자들이 교과목에 포함되는 주요 개념, 원리 등은 온라인의 여러 가지 학습 자원을 통해 가정에서 사전학습을 하고, 교실에서는 상호작용을 기반으로 한 의미 있는 활동을 통해 학습의 참여와 성과를 향상시키는 방법이다.

육군에서 플립러닝은 2015년 발간한 야전교범 『교육훈련관리』에서 '학생주도 학습방법'이라는 용어와 혼재되어 사용하다가 현재 야전교범 『교육훈련』(육군본부, 2016)과 육군의 『학교교육지시』(육군본부, 2020)에서는 학생이 주도적이고 창의적으로 문제를 해결해나가는 '학생 중심의 참여형 교육'으로 학교교육에 적용하고 있다.

학교교육 혁신은 궁극적으로 "어떤 능력을 구비시킬 것인가?"에 주안을 두고 과거 '지식축적' 강의식 교육에서 탈피하여 '문제해결능력'을 구비한 주도적 · 창의적 인재를 육성하기 위한 것으로 교육내용 및 방법을 최적화한 것이다.

제3절

학생 중심의 참여형 교육

육군에서 시행 중인 학교교육의 핵심개념은 '학생 중심의 참여형 교육'(육군교육사령부, 2014)이다. 학생 중심의 참여형 교육은 학습자가 교육의 주체가 되어 주도적 · 창의적으로 문제를 해결해나가는 학습방법[1]으로, 구성주의[2] 교육방법인 자기주도학습(SDL, Self-Directed Learning) 개

1 육군본부에서 발간한 『학교교육지시』(2019)에서는 '학생 중심의 참여형 교육'을 위한 교관과 학생의 역할을 다음과 같이 강조하고 있다. "교관은 학생이 주도하여 'Know How, Know Where'를 찾도록 학습을 진행하며 좋은 문제 출제자, 문제해결의 보조 및 촉진자로서의 역할에 충실해야 한다. 교관은 학생들이 학습을 준비할 수 있는 여건을 보장해주고, 수업 진행 간에는 학생들이 무수한 실패를 통해 스스로 답을 찾을 수 있도록 하며, 초기의 부족함과 미숙함을 이해하고 기다려줄 수 있어야 한다. 또한, 전장의 불확실성과 수많은 가변요소에 효과적으로 대응하기 위해서는 하나의 이상적인 답만 제시하거나 요구해서는 아니 되며, 해답을 구해가는 창의적인 과정을 더 중요하게 평가해야 한다. 그리고 학생은 스스로 학습을 준비하고 토의하는 과정을 통해 자신의 의견을 정리함으로써 전장의 긴박한 상황 속에서도 상황판단-결심-대응에 이르는 기본적인 사고법을 체질화해야 한다. 참고자료나 학교 측 안을 답습하기보다는 자신의 판단과 논리를 통해 더 좋은 방안을 구상하기 위해 지속적으로 노력해야 한다."(1-4쪽)

2 구성주의란 교수자에 의해 모든 학습자에게 동일한 지식이 형성되는 것이 아니라 지식은 개별 학습자의 내재적 이해과정에 따라 다르게 형성되므로 학습의 주체는 교수자가 아니라 학습자가 되어야 한다는 관점이다.

념을 도입한 것으로, 전반적인 교육진행의 틀은 플립러닝을 적용하고 있다. 이처럼 학생 중심의 참여형 교육은 〈표 4-2〉처럼 수업 전 · 중 · 후로 나누어 진행된다.

〈표 4-2〉 학생 중심의 참여형 교육방법

수업 전	수업 중	수업 후
• 선행학습 • 학습활동 준비	• 학습준비 상태 확인 • 핵심내용 강의 • 발표 및 토의, 실습 • 강평 및 사후검토	• 학습활동 마무리 • 과제부여 및 학습 • 자기성찰
수업 중: 상호동료교육(Learning & Teaching), 상황위주토의(토론)식 교육, 숙달체득식 교육		

출처: 육군본부, 『교관지침서』(계룡: 육군본부, 2018), 3-14쪽 재구성.

첫째, 수업 전 학습은 본학습 이전에 개인별로 과제연구를 실시하는 선행학습 및 학습활동을 준비하는 단계다. 선행학습은 교관이 제공한 교육 자료와 CBT(Computer Based Training) 동영상을 활용하여 다음 학습과목(제)의 핵심내용을 파악하는 활동이다. 선행학습 자료는 다음 날 교육시간과 과제내용을 고려하여 적절한 분량으로 제공한다. 학습 활동 준비는 교육에 필요한 과제물, 개인 발표안 등 다음 학습을 준비

〈표 4-3〉 학습용 CBT 구분 및 운용방법

구분	내용
자료형 CBT	교범(야전, 기술) 내용을 망라하여 작성한 CBT로 디지털교과서, 표준 동영상 등이 있다.
강의용 CBT	소집교육 및 원격교육, 간부계발을 위해 강의자료 + 동영상, 강의자료 + 음성 등 자율학습이 가능한 CBT로 원격교육 콘텐츠, 선행학습 콘텐츠, M-MOOC 콘텐츠 등이 있다.
실습형 CBT	학습자가 콘텐츠를 이용하여 3D 기반으로 장비 조작 등 실습이 가능한 CBT로 제작한 콘텐츠다.

하는 것이다. 여기서 CBT란 컴퓨터를 기반으로 하는 교육훈련 체계로서 병과학교에서 활용하는 학습용 CBT는 위의 〈표 4-3〉과 같다.

콘텐츠는 과목 검토 → 교육내용 분석 → 교안 작성 → 교수설계 → 스토리보드 작성 → 콘텐츠 제작 → 평가 및 인증의 단계를 거쳐 각 병과학교 및 학교기관에서 제작한다. 선행학습 콘텐츠(CBT 동영상 강의)는 과제 단위로 10분 내외로 흥미 있게 제작하고, 다양한 수단(홈페이지 탑재, CD 분배 등)을 이용하여 제공한다.

둘째, 수업 중 학습에서는 선행학습의 수준과 학습준비 상태를 확인한 후 핵심내용에 대한 강의, 발표 및 토의, 실습을 진행하고 강평을 통해 미흡한 개념을 재정립한다. 특히, 핵심 강의는 가능한 짧게 하여 학생주도의 본질을 훼손하지 말아야 하고, 발표 및 토의 · 실습은 과목의 성격을 고려하여 〈표 4-4〉와 같이 상호동료교육, 상황위주토의(론)식 교육, 숙달체득식 교육 등의 다양한 방법을 적용함으로써 학생들이 주도적 · 창의적으로 문제를 해결하도록 한다.

〈표 4-4〉 육군 학교교육의 교육방법

구분	내용
상호동료교육 (L&T)	교관의 역할을 해본다는 의미와 가르치는 가운데 스스로 배운다는 두 가지 효과를 달성하기 위한 능동적인 학습 방법
상황위주 토의(론)식 교육	부여된 문제와 상황을 선행학습 간 학생 스스로 해결한 후, 본학습 간 조를 편성하여 발표 및 토의, 교관 강평을 통해 문제해결 능력을 향상시키는 방법
숙달 체득식 교육	반복 숙달하여 지휘통제를 습성화하며, 조건반사적인 상황판단-결심-대응을 통해 소부대 전술훈련을 숙달하는 교육방법

셋째, 수업 후 학습은 수업 중 학습활동을 마무리하거나 부가과제 부여 및 학습, 자기성찰을 유도하는 단계다.

여기에서 수업 중 학습에 적용되는 상호동료교육, 상황위주토의(론)식 교육, 숙달체득식 교육의 실태를 진단해볼 필요가 있다.

첫째, 상호동료교육(L&T) 기법은 1:1로 짝을 짓거나 조별 발표 등 동료를 대상으로 서로 묻고 가르치며 교관의 역할(또래 가르치기)을 해본다는 의미와 가르치는 가운데 스스로 배운다(말하는 공부법)는 두 가지 효과를 달성하기 위한 능동적인 학습방법으로 처음에는 어설프고 부족하더라도 교육생이 참여하는 교육, 교관과 같은 위치에서 체험하는 교육을 통해 효과를 달성하는 것이다. 이는 강의 → 선행학습 → 발표연습 → 순환식 발표 → 강평 순으로 진행되는데, 절차는 〈표 4-5〉와 같다.

〈표 4-5〉 상호동료교육 진행 절차

단계	내용
강의 (과제연구)	핵심강의 및 상황설명, 과제부여 등이 이루어지는 단계로 필요 시 선행학습을 통해 학습내용과 과제연구 실시
선행학습 (자율학습)	개인별로 부여된 과제에 대해 스스로 연구하고 발표용 교안 및 슬라이드 등 자료를 만드는 단계
발표연습	각 조원 앞에서 개인별로 준비한 발표 자료를 이용하여 돌아가며 발표 및 연습하는 단계
순환식 발표	모든 교육생 또는 소조별로 대표자가 연구 강의식으로 발표하는 단계
강평	모든 발표가 끝난 후 교관에 의한 강평과 질의응답이 이루어지는 단계

다음 〈그림 4-1〉에서 보는 바와 같이 자신이 배운 것을 가장 효과적으로 체득하는 방법은 타인을 대상으로 가르치면서 숙달하는 것이라는 연구 결과에 기초한 교육방법이다.

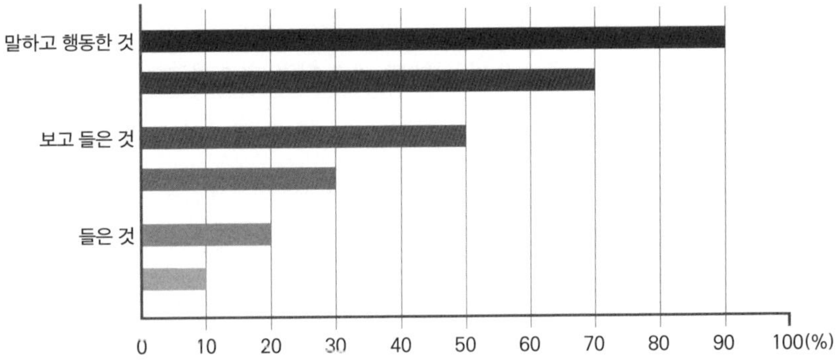

〈그림 4-1〉 학습 후 기억 정도

출처: Masters, Edgar Dale's Pyramid of Learing in medical education: A literature review, *Medical Teacher Vol, 35* (Nov, 2013) , p. 10에서 수정 인용함.

하지만 학군단 장교후보생 플립러닝에서 상호동료교육을 적용할 경우 다수의 인원이 발표하기 위해서는 많은 시간이 소요되기 때문에 현실적으로는 본래의 취지에 부합하는 방향으로 되지 않는 것이 사실이다. 교육 인원이 많은 입영훈련 시에는 평가의 일환으로 적용되고 있어 이로 인한 부작용이 발생하는 것도 확인할 수 있다.

둘째, 상황위주토의식 교육은 어떤 상황(문제)에 대해 분임조별 각기 다른 의견을 토론식으로 적용한 교육방법으로, 이 기법은 부여된 문

〈표 4-6〉 상황위주토의식 교육 진행 절차

단계	내용
상황부여	교관이 먼저 과제와 상황 부여
선행학습 (자율학습)	교육생이 터득한 창의적인 방안을 준비하되, 분임조 구성 해결
조토의 (모둠토의)	개인 안을 발표하여 조안을 도출하고 학급토의를 준비하는 단계로, 교관은 구술형 요약 및 관찰평가를 실시하되 토의 촉진자 역할
학급토의	조안을 발표하되 교관이 유도하여 창의력을 배양토록 하고 장 · 단점을 제시하여 고착된 사고를 탈피하도록 강평

제와 상황을 학생 스스로 해결한 후 토의를 통해 개인(안)을 정립하는 데 상황부여 → 자율학습 → 조토의 → 학급토의 순으로 진행되며, 절차는 위의 〈표 4-6〉과 같다.

이는 전술교육 시 개인(안)을 작성하여 발표를 통해 창의적 '안' 정립 시 활용하는 데 유용한 기법이다. 한편 상황위주토론식 교육 기법은 분임조를 블루팀(발표), 레드팀(대응), 관찰팀(의견 및 평가)으로 구성하여 블루팀이 제시한 계획 또는 안에 대해 레드팀이 반대의견을 제시하고 관찰팀의 분석 및 평가하는 과정을 통해 문제해결능력을 향상시키는 것이다. 이는 전술학 등 시간적 여유가 있고 종합적인 사고가 필요한 과제에 활용할 수 있는 장점이 있다.

셋째, 숙달체득식 교육 기법은 조건반사적인 상황판단 → 결심 → 대응을 통해 소부대 전술훈련을 숙달하는 교육방법으로, 각종 장비조작 및 전투기술을 숙달하거나 전장에서 적의 행동에 대해 대응요령을 체계화하고 임의지형에서 반복 숙달하여 전투지휘를 습성화한다. 진행 절차는 〈표 4-7〉과 같다.

이는 전투행동 등 즉응력을 높이기 위해 야외실습 및 반복 숙달함으로써 전투지휘를 체험하고 조건반사적인 상황판단 및 조치를 통해

〈표 4-7〉 숙달체득식 교육 진행 절차

단계	내용
기초훈련	핵심강의 / 계획수립, 기본 전투기술과 전투명령어 · 완수신호를 숙달하며, 상황조치는 구술로 실시
과제단위 숙달훈련	훈련장에서 실시간 추가 상황을 부여하고 상황 받아쓰기, 상황판단-결심-대응을 통한 명령하달과 지휘자 역할을 교대로 실습
반복숙달	임의지형에서 마일즈 장비 등을 활용한 쌍방훈련을 실시하며 지휘자 역할을 교대로 실시

소부대 전술훈련을 숙달하는 교육방법으로, 입영훈련 과목에 주로 적용된다.

육군에서는 이상과 같은 '학생 중심의 참여형 교육' 방법을 적용하는 과정에서 교관과 학생들이 유념해야 할 사항을 다음과 같이 강조한다.

"전장의 불확실성과 수많은 가변요소에 효과적으로 대응하기 위해서는 하나의 이상적인 답을 제시하거나 요구해서는 안 되고, 해답을 구해가는 창의적인 과정을 더 중요하게 평가해야 한다. 그리고 학생은 스스로 학습을 준비하고 토의하는 과정을 통해 자신의 의견을 정리함으로써 전장의 긴박한 상황 속에서도 상황판단-결심-대응에 이르는 기본적인 사고법을 체계화하며, 참고자료나 학교 측 안(案)을 답습하기보다는 자신의 판단과 논리를 통해 더 좋은 방안을 구상하기 위해 지속적으로 노력해야 한다."(야전교범 7-0 교육훈련, 2016)

일반 학교교육에서의 교육 패러다임의 변화와 함께 육군에서도 학습자 중심, 즉 학생이 주도적으로 학습하는 방법으로 전환한 것은 매우 바람직한 시도라 할 수 있다. 그럼에도 육군학교교육에서의 교육방법 적용은 또 다른 측면으로 접근할 필요가 있다.

첫째, 현재의 육군 학교교육 방법에 대한 지침은 양성교육과 보수교육을 구분하지 않고 공통적으로 되어있다. 이는 민간인을 군인화하는 '양성교육'과 군인으로서 해당 계급과 직책에 맞는 직무수행능력을 배양하는 '보수교육'의 차이를 간과한 것으로 교육목적과 교육방법이 각 학교교육목표와 부합한지 살펴볼 필요가 있다.

둘째, 장교양성교육 과정별 교육여건을 고려하여 학습방법도 다르게 적용해야 한다. 2년 또는 4년간 학교라는 동일한 공간에서 집단생활하며 장기간의 양성교육을 이수하는 육군3사관학교나 육군사관학교 교육과정과 대학생이자 장교후보생 신분으로서, 전공수업과 군사교육을 병행하는 학군사관 후보생 교육여건은 확연하게 차이가 있다는 점을 고려해야 한다.

셋째, 육군 학군단 양성교육의 '학생 중심의 참여형 교육'은 면밀하게 학습을 구상하고 장교후보생들의 자율적인 학습을 유도 및 진행할 수 있는 높은 수준의 교수-학습 전문성이 요구되는 데 반해, 각 학군단의 교관 요원은 교관임무와 여러 가지 행정업무 병행으로 장교후보생들의 학습을 위해 상호작용하고 전념할 수 있는 전문성과 여건이 제한되는 것이 사실이다. 따라서 육군 장교후보생 양성교육의 '학생 중심의 참여형 교육'은 학교기관의 교관, 장교후보생, 교육과목, 교육여건 등의 측면에서 제대로 학습효과를 거둘 수 있는지 면밀하게 검토해야 할 것이다.

제5장
플립러닝의 이해

개요

이 장에서는 플립러닝의 개념을 이해하고 플립러닝의 특징에 대해 알아보고자 한다. 플립러닝은 21세기 지식기반사회에서 요구하는 인재상이 변화함으로써 교수자 중심의 교육방법은 사회변화에 적응할 수 있는 인재 양성에 한계가 있으므로 교육방법이 변해야 한다는 주장이 강하게 제기된다. 이러한 흐름과 기대에 부응하기 위해 수업에서 변화를 주도하는 혁신적인 수업방식이 플립러닝이다. 따라서 제1절에서는 플립러닝의 개념을 이해하고, 제2절에서는 플립러닝의 구조를 살펴보며, 제3절에서는 플립러닝의 특징에 대해 살펴보았다.

학습내용

제1절

플립러닝의 개념

플립러닝(Flipped Learning)이란 가정에서 먼저 선행학습 개념의 동영상 강의 학습을 진행하고, 학교에서는 가정 학습 내용을 바탕으로 학생 스스로 주어진 문제를 풀어나가면서 새로운 지식을 구성해나가는 학습방법으로 수업이 진행되는 방식이다(Jonathan Bergmann & Aaron Sams, 2012).

비숍과 베를레거(Bishop & Verleger, 2013)는 "교실 내에서 그룹 학습활동을 통해 상호작용을 하고, 교실 밖에서는 컴퓨터 기반의 직접적인 개인 교수활동을 하는 것"으로 정의한다. 이는 플립러닝의 개념을 규정할 때 교실 밖에서는 학습 동영상 같은 온라인 테크놀로지 활용이 필수적임을 강조한 것이라 할 수 있다.

스트레이어(Strayer, 2007)는 "학습자가 집에서 테크놀로지를 활용하여 사전학습을 진행하고 본학습에서 활동 중심의 수업을 하는 혼합형 교육환경"으로 정의한다. 또한, 학습자가 수업 전 교과서 및 관련 학습자료를 예습하고 수업에서는 강의방식이 아닌 토론 학습, 보충 및 심화학습에 참여한다(Hamdan et al., 2013). 이와 같이 "강의실 밖에서 이루어지는 정보전달과 검색을 통해 비판적 사고와 학습과정의 응용단계를 위해 준비하고 수업 중에는 토론, 협업, 상호활동 등을 수행하는 것"을 플립러닝이라고 정의하고 있다(Toqeer, 2013).

국내 학자들의 플립러닝에 대한 연구로 먼저 최정빈(2018)은 『플립러닝 교수설계와 수업전략』에서 플립러닝은 "학습자가 수업 전 자기주도적 학습으로 지식이나 정보를 습득하고, 교실수업에서는 교수자의 코칭 및 동료학습자들과 협업체제를 기반으로 문제해결학습을 통해 인성과 창의성을 길러내는 교수-학습 방법"이라고 정의했다. 이민경(2017)은 「대학교육 패러다임의 변화와 플립러닝에 관한 연구」에서 플립러닝을 "교수자가 강의를 과제로 제시하고, 가정에서 하던 과제 활동을 교실에서 하게 함으로써 기존의 수업방법을 바꾼 수업방식"으로 정의했다. 최정임(2017)은 「대학에서 플립러닝 운영을 위한 지원전략 탐색 연구」에서 플립러닝을 "기존의 강의 중심 수업과 비교하여 수업 전 사전학습을 통해 지식의 습득과 이해를 도모하고, 이후 교실 수업에 참여하여 구성원들과의 상호작용을 통해 능동적이고 적극적으로 학습하는 교수학습 방법"으로 정의했다. 이희숙(2015)은 "전통 교수-학습 방법을 뒤집어 인터넷의 테크놀로지 활용으로 강의와 가정에서의 과제수행을 뒤바꾼 학습모형"으로 정의했다. 임철일 외(2014)는 "강의실에서는 과제를 포함한 다양한 학습활동을 수행하고, 강의실 밖에서 온라인 및 디지털 콘텐츠를 활용하는 대안적 교수 방법"이라고 주장했다.

플립러닝을 기존의 수업방식과 비교하면 전통적인 수업방식은 강의 중심 수업 후 숙제 확인 방식이었다면, 플립러닝은 학생들이 수업

내용을 사전 동영상을 통해 학습하고, 수업 시에는 그 내용을 기반으로 토의를 하거나 과제실행 활동 중심으로 교육하는 것을 말한다(한국 U러닝연합회, 2014).

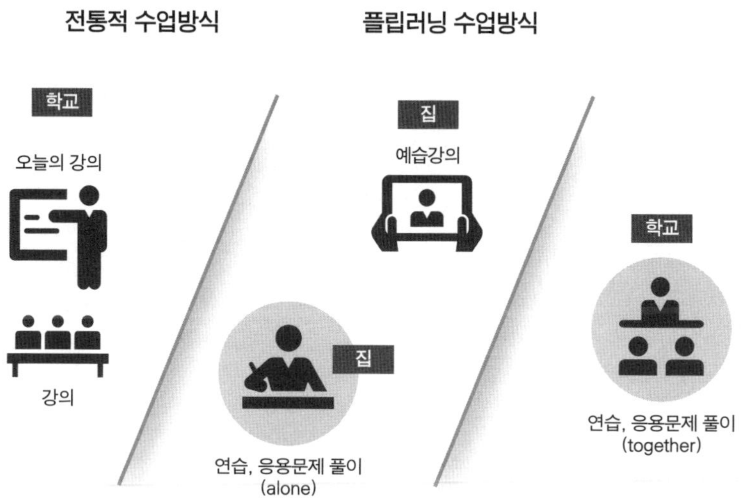

〈그림 5-1〉 전통적 수업방식과 플립러닝 수업방식

플립러닝의 가장 기본적인 방식은 학생들이 교수자가 제공하는 '수업 동영상'을 수업을 받기 전에 시청하는 것이다. 이렇게 함으로써 수업시간에 교수자가 교과 내용 중심으로 가르치기보다 학생들과 상호작용을 하거나 심화 학습활동을 하는 데 더 많은 시간을 할당할 수 있다. 교수자는 문제풀이를 어려워하거나 과제해결이 힘든 학생들을 돕는다. 그러므로 플립러닝 방식에는 개별화 수업, 프로젝트 중심 학습 등과 같은 학습자 중심 활동 시간을 다양하게 포함할 수 있다(한국 U러닝연합회, 2014). 즉, 플립러닝은 교수자가 교실수업에서는 교육적 테크놀러지 기반의 학습 참여를 유도할 수 있는 다양한 활동을 실행하는 학습자 중심 교육방법이다. 이를 통해 학습자의 학습내용 습득 및 활용을 도모하고 궁극적으로 학습자의 고차원적인 사고 확장과 사회적인 능력 향상을 촉진할 수 있는 것으로 여겨지고 있다. 따라서 플립러닝이 이루어지기 위해서는 교수자가 학습자의 요구에 맞게 수업자료를 제공하고 학습자들의 학습수준에 따라 보충 및 심화학습을 유도하는 역할을 수행해야 한다(Aronson & Arfstrom, 2013). 결론적으로 플립러닝은 배움을 더 깊게 이끌어 고차원의 학습을 가능하게 한다.

제2절
플립러닝의 구조

1. 플립러닝 수업 절차

플립러닝의 수업 절차는 기본적으로 교실 전 수업에서 교실 중 수업의 순서로 이루어지며, 각 단계에서는 교수자와 학습자가 수행해야 하는 세부 활동이 제시된다. 플립러닝 수업 절차에는 때때로 교실 수업 이후에도 교수자와 학습자의 상호작용 및 피드백, 학습자의 성찰, 총괄 평가 등이 진행되는 교실 후 수업 단계까지 포함되기도 한다(권오남 외, 2013; Gilboy, Heienrichs, & Pazzaglia, 2015). 버그만과 샘즈(Bergman & Sams, 2012)가 학습자의 학습 내용 숙달을 목표로 제시한 플립러닝 수업의 기본적인 세부 절차는 수업자료의 제공과 예습, 질의응답, 다양한 활동과 평가로 이루어진다.

교실 전 수업 단계에서 교수자는 수업 영상뿐만 아니라 교재, 과제물, 학습자료 등 다양한 수업자료를 제공한다. 학습자는 자신의 학습능력과 방법, 일정 등에 맞추어 수업자료를 선택하여 분량, 속도, 시간을 조정하여 공부하고 주요 개념이나 용어를 정리한다. 교실수업에서 학습자는 학습내용과 관련된 의문사항을 질문하고, 교수자는 질문에 응답하면서 학습자의 내용 이해를 돕거나 잘못 형성된 개념을 교정해준다. 다음으로 교수자는 내용의 이해도, 학습능력 등이 비슷한 학습자 4~5명으로 팀을 조직하고 팀별로 다양한 과제를 제공한다. 교수자는 팀 활동을 지도하고 학습 내용을 이해하지 못한 학습자들을 확인하여 이들을 대상으로 개별 보충학습을 부여한다. 수업이 끝난 후에 교수자는 학습자들이 학습 내용을 잘 이해했는지를 확인하기 위한 형성평가 및 총괄평가를 한다. 형성평가는 각 학습자가 학습 내용을 충분히 이해했다는 것을 검증할 때까지 여러 차례 실시된다. 총괄평가는 학습자의 학습능력과 이해도에 따라 지필 시험, 구술 토론, 산문 쓰기, 프레젠테이션, 짧은 동영상 제작 등을 학습자가 선택하여 수행할 수 있게 한다. 이러한 절차는 교수자가 학습자의 완전학습을 목표로 플립러닝 수업을 실행하는 데 적용할 수 있는 절차를 수업의 순서대로 더욱 개괄적으로 파악할 수 있게 해준다. 김영배(2015) 또한 플립러닝 수업을 위한 단계별 주요 설계원칙을 정리하고 있는데, 그 내용은 다음 〈표 5-1〉과 같다.

〈표 5-1〉 플립러닝 수업을 위한 단계별 주요 설계원칙

단계	영역	세부 내용
수업 전	동영상 자료 시청	• 수업내용과 관련된 객관적 지식과 원리로 구성 • 주당 5분 단위의 섹터로 나누어 1차시 수업에 3개 내외의 강의자료를 웹을 통해 제공 • 수시로 반복해서 볼 수 있도록 함 • 동영상 시청 뒤 퀴즈를 풀도록 하여 스스로 학습 정도를 확인할 수 있도록 함

단계	영역		세부 내용
수업 전	강의노트 작성		• 학습자 스스로 알게 된 것과 모르는 것을 구분하도록 하여 수업기초자료로 활용 • 학습자들은 알게 된 내용, 궁금한 내용, 더 알고 싶은 내용으로 구분하여 작성
	교수자-학습자 상호작용		• 교수자-학습자 간 강의내용에 대한 질의응답 및 학습이해도에 따른 피드백 제공 • 온라인 페이스북, 모바일, 트위터 등을 활용
수업 중	도입	준비도 확인	• 수업과 관련된 사전 지식을 점검하고 피드백 시행 • 교수자는 동영상 강의 내용에 대한 학습자들의 질문에 피드백 • 교수자가 준비한 질문 또는 퀴즈에 대해 사전 지식이 부족한 학습자들은 다시 강의를 듣도록 안내
		적용과제 안내	• 수업에 몰입할 수 있도록 동기유발 자료 제공 • 교수자는 수업과 관련된 자료(PPT, 영상물 등)를 보여주고 학습자들의 적극적인 수업 참여 유도
	수업 과정	팀구성	• 동료 교수자, 활발한 의사소통, 창의적 문제해결에 상호협력하도록 모둠 배정 • 학업성취도, 학습자 특성을 고려하여 배정
		적용과제 수행	• 동영상 강의를 통해 배운 핵심주제 및 내용을 적용하여 학습자들에게 수행 유도 • 협동학습, 역할극, 실습 등 다양한 수업방법 활용
		교수자-학습자 상호작용	• 학습자 활동에 대한 모니터링과 피드백으로 학습동기 유지 및 지원 • 개별학습의 이해도, 모둠과제 진도와 명확성 등 지속적으로 모니터링하고 개입이 필요한 개인 또는 모둠에게 피드백 및 질의응답
수업 후	보충 및 심화 학습과제 제시		• 수업을 통해 체험적인 지식을 적용하여 학습자들의 창의성에 기반을 둔 심화활동 수행 • 해당 차시의 수업내용에 보충, 심화할 수 있는 과제 제시
	학습활동 평가		• 학습자들의 단편적 지식보다는 창의적 활동의 산출물, 수행과정에 대한 평가 시도
	교수자-학습자 상호작용		• 학습자들이 학습내용을 구성해나가는 데 필요한 정보와 출처를 찾거나 교수자 또는 동료의 도움이 필요할 때 온·오프라인을 통해 활발히 상호작용할 수 있도록 유도

출처: 김영배(2014), 『플립러닝 지원시스템 개발』, 부산대학교 대학원 박사학위논문.

결과적으로 플립러닝의 수업구조는 수업 전(Pre-class)에 기초지식을 쌓고, 수업 중(In-class)에는 문제를 해결하는 스킬을 연마하며, 수업 후(Post-class)에는 총체적인 성찰을 통해 지식을 완성한다(최정빈, 2018).

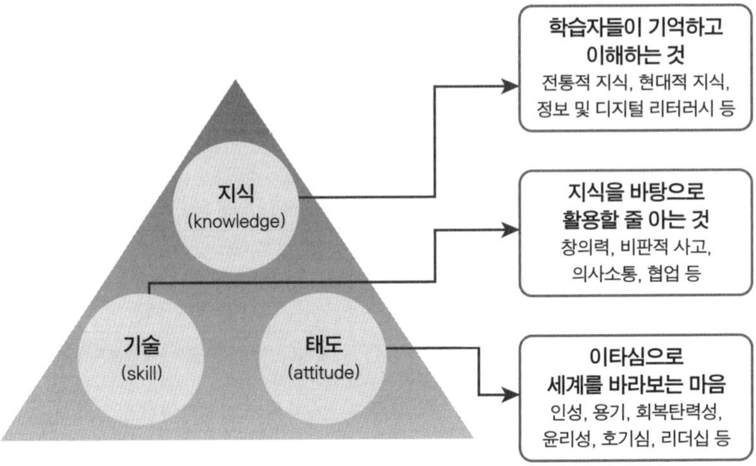

〈그림 5-2〉 플립러닝의 구조

2. 플립러닝 교수-학습의 주요 구성요소

1) 사전학습

사전학습이란 어떤 학습과제의 학습을 위해 미리 학습하거나 습득하고 있어야 할 지식으로 본 학습과제의 학습이 용이하도록 도움을 주며(이종연, 2002), 학습자가 학습할 내용에 대해 관련된 사전 지식을 어느 정도 가지고 있는가는 학습에의 수업 참여도 및 성취도를 예측하는 데 가장 강한 영향력을 행사할 수 있다(김미량, 1998; 김회수 · 염시창, 2002).

이처럼 사전학습은 수업의 몰입을 촉진하고, 학습자의 성취와 밀접한 관계가 있는 변인으로 실제 학습에서 사전학습이 중요하다는 데는 연구자들이 인식을 같이하고 있다(강명희 외, 2009; Shuell, 1986).

최근의 웹 2.0과 모바일 시대로의 진입은 스마트폰을 이용하여 언제(anytime), 어디서나(anywhere), 무엇이든지(anything) 상호 소통할 수 있는 진정한 편재형 컴퓨팅(pervasive computing) 시대(이난경 · 이종옥, 2014; Postolache et al., 2011)를 가능케 했고, 특히, 학습자인 지금의 청소년들은 ICT 기술을 활용하여 새로운 형태의 사회성이나 사회적 자산을 획득하는 행위를 이미 경험한 세대이며, 교수자는 플립러닝의 운영과 교수설계에 최근의 정보통신기술환경을 활용하여 손쉽게 플립러닝을 운영하고 교수설계를 할 수 있는 환경(박태정 · 차현진, 2015) 등이 플립러닝을 가능케 하는 환경적 요소라 할 수 있다. 이러한 환경을 활용하여 플립러닝은 기존의 전통적인 수업에서 교수자에 의해 수행되던 지식의 습득은 강의실 밖에서 디딤영상 사전학습으로 행해진다.

리브(Reeve, 2013)에 의하면 사전학습 참여는 학습자들이 수업에 적극적으로 참여하는 정도를 나타내며, 인지적 참여, 행동적 참여, 정서적 참여, 주도적 참여로 구성된다. 인지적 참여는 정교한 학습전략을 통해 학습내용을 이해하고 심화시키는 것을 뜻한다. 행동적 참여는 노력, 인내심, 학습자가 주의집중 측면에서 학습활동에 참여하는 과정을 의미한다.

정서적 참여는 학습하는 과정에서 불안과 부정적인 기분이 아니라 흥미 같은 긍정적인 기분이 나타나는 정도이며, 주도적 참여는 학습자들이 학습과정에 능동적으로 참여하여 학습을 스스로 이끌어가는 정도를 의미한다(구경관 외, 2018).

프레드릭스 외(Fredricks et al., 2004)는 행동적 참여를 "학습과정에서 노력, 지속성, 집중력을 가지고 활동에 참여하는 것"이라고 정의했다. 다음으로 인지적 참여는 학습목표를 달성하기 위한 심리적인 투자와 학습목표 달성을 위한 전략 실행이며, 때때로 인지적 참여는 '자기조절 전략'으로 불리기도 한다.

플립러닝 수업은 사전학습에 기반하기 때문에 수업활동에 적극적으로 참여하기 위해서는 먼저 사전학습이 철저히 준비되어야 한다. 버그만과 샘즈(2014)에 의하면 학습자들이 사전학습에 적극적으로 참여할 때, 학습자들이 수업에서 이루어지는 다양한 활동에 능동적으로 참여할 수 있으며, 교사도 학생들의 수준에 부합한 피드백을 제공할 수 있고, 학습자들의 학습효과나 학습만족도가 높아지게 된다.

2) 동료학습

플립러닝은 수업의 목적과 형태를 기존의 수업과 거꾸로 한다. 즉, 전통적인 수업은 지식전달자로서의 교수자가 중심이 되어 '지식의 습득'에 중점을 두는 반면, 플립러닝 수업은 과제를 모둠별 토론학습을 통해 '무엇을 할 수 있는가?'에 대한 '지식 수행성 교육'에 중점을 두기에(소경희, 2007; 이숙정 · 이수정, 2012) 인지적 발달은 사회적 상호작용의 결과라고 인식하는 사회적 구성주의(손지희, 2014, 1993; Vrasidas, 2000)를 근간으로 하는 학습자가 배움의 주체가 되는 교육방식이며(방선옥, 2002; 서진원, 2009), 수업 형태는 모둠 내에서 협동학습과 동료학습을 포함하여 다양하게 나타난다.

동료학습(peer tutoring)은 동료들끼리 서로 가르치고 배우는 과정으로 교사 역할을 맡은 학습자가 다른 학습자의 학습을 돕는 개별화된 교수-학습 방법(허희옥 · 우선자 · 강의성, 2002)으로, 학습자 집단에서 교수자의 역할을 하는 학생(tutor)이 학습자 입장에 있는 학생(tutee)을 지도하는 과정에서 서로 학습이 이루어지고 동료 교수자(tutor)는 동료 학습자(tutee)에게 개별화된 교수-학습 환경을 제공하며 학습 성취를 높이는 데 효과적으로 활용될 수 있다(허희옥 · 우선자 · 강의성, 2002). 동료학습은 다양한 측면에서 동료 학습자와 동료 교수자에게 긍정적인 효과를 불러올 수 있다. 동료 교수자는 동료 학습자를 가르치기 위해 자신이 알고 있는 교육적 지식을 재조직하여 동료 학습자에게 설명하는 과정을 통해 학습내용을 강화함으로써 학업성취도 향상(허희옥, 2004; 이승희 · 최선영, 2012) 등 인지적 측면의 효과를 기대할 수 있으며, 교사 입장에서 동료 학습자를 가르쳐야 하는 상황에 놓임으로써 책임감이 높아지며(한안나, 2011), 자아개념 향상(유근미 · 김수연, 2010) 등 정의적 측면에서의 효과도 기대할 수 있다.

3) 모둠화

모둠이란 초 · 중등학교에서 효율적인 학습을 위해 학생들을 작은 규모로 묶은 모임을 의미하며, 한 모둠 내의 구성원 수에 대해 모둠이 4명으로 구성될 때 가장 이상적이고 효과적(유승희 · 이은경, 2010; 양숙희, 2016 재인용)이다. 모둠활동에서 2~5명이 가장 적당하고, 잘 조직화된 모둠활동은 학구적인 학습풍토를 조성하고 학업성취도를 증진시키며 수업 참여, 상호 관심, 대인관계, 학교에 대한 태도 변화 등 바람직한 결과를 도출한다(Slavin, 1990).

모둠 편성은 학업능력, 성별 등을 고려하여 이질적으로 구성한다. 이렇게 편성된 모둠 내 첫 번째 활동은 학생들에게 주어진 과제를 일정 시간 동안 동료학습 간의 상호작용을 활발히 하면서 학습할 수 있도록 한다. 이때 구성원들은 다양한 수업의 자료원을 활용하여 학습과제 내용을 해결하며 서로 가르치고 배우는 방식으로 진행한다. 즉, 동료학습을 수행하는 것이다. 그 과정에서 서로의 해답을 비교하고 오답을 낸 학생들에게는 잘못된 것을 바로잡아준다(최정빈, 2018).

모둠을 편성할 때는 학습자의 여러 가지 여건을 고려하되, 학습자의 학습수준, 학습능력, 학습내용, 학습성향 등을 다양하게 고려해야 한다. 구성요소를 살펴보면 첫째, 학습 운영의 효과적인 진행을 위해 학습자의 능력과 수준을 고려하여 작은 집단으로 구성한다. 둘째, 학습자의 지식이나 경험의 소중함, 사회성 등을 활용하여 협력관계를 고려하여 작은 집단으로 구성한다. 셋째, 학습자의 성취동기 수준을 파악한 뒤에 상호협력이 가능하도록 편성한다. 넷째, 모둠의 리더를 두고 리더는 학업성적, 교우관계, 지도성 등을 고려하여 선출토록 한다(변선미 · 김현주, 2011).

플립러닝은 모둠화의 차별적 지도와 적절한 과제부여로 동기를 부여하고 학습성과를 향상시킬 수 있는 전문적인 교육자가 필요하다(Jerald, 2009). 모둠은 구성원의 커뮤니케이션 능력을 제고(조일현, 2009)할 수 있는 교육단위일 뿐만 아니라 단일집단보다는 남녀혼합 집단이(구병두, 2013), 이질 또래집단보다는 동질 또래집단이(소연희, 2010), 일대일 또래교수보다는 삼대일 또래집단(손영 · 김성일, 2005)이 학업 흥미와 성취도가 높은 것으로 연구되는 등 수업환경에 알맞은 모둠의 구성과 운영이 전문적인 교육자의 핵심역량이라 할 수 있다.

3. 플립러닝과 블룸의 교육목표분류

플립러닝은 학습자가 지식을 단순히 이해하고 끝나는 것이 아니라 적용하고 창조하는 과정에 이르는 고차적 사고 수준까지 접근할 수 있다. 플립러닝 이론적 기저 중 하나인 블룸(Bloom, 1956)의 학습모형을 뒤집음으로써 기억 중심의 학습에서 창의 중심의 학습으로 전환이 가능해지기 때문이다. 학습자들이 배우는 과정을 분류하는 방법으로 제시되는 블룸의 교육목표분류법(Taxonomy)은 단순학습으로 사실을 암기하는 것이 아닌 개념, 과정, 절차 및 원칙을 분석하고 평가하는 것 같은 교육에서의 고차원적인 사고를 증진하는 것을 목적으로 창안되었다(Bloom, 1956). 이 분류법은 지식, 이해, 적용, 분석, 종합, 평가의 인지과정으로 이루어졌으며, 2001년 기억, 이해, 적용, 분석, 평가, 창조의 명칭과 순서대로 수정되었다(Anderson & Krathwohl, 2001). '기억'에서는 장기기억으로부터 상기하는 활동이 이루어지고, '이해'에서는 전달되는 정보로부터 의미를 구성하는 활동이 이루어진다. '적용'에서는 새로운 상황에서 관련되는 절차를 실행하고 이용하며, '분석'에서는 대상을 부분들로 분해하고 어떻게 부분들이 서로 관련되고 전체와의 관련 부분을 결정한다. '평가'에서는 기준과 표준에 근거하여 판단하고, 마지막으로 '창조'에서는 요소들을 모아서 일관성 있는 기능적인 전체를 구성하거나 새로운 패턴이나 구조로 요소들을 재구성한다.

〈그림 5-3〉에 피라미드로 표현한 블룸의 교육목표분류는 하위능력에 많은 시간을, 상위능력에 최소한의 시간을 할애하는 방식으로 수업시간이 배정된다는 것을 함축하고 있다. 실제 대부분 교실에서 이런 일이 벌어지고 있다. 교사들은 기억하기와 이해하기를 중심으로 수

업시간을 대부분 사용하고, 응용하기에는 거의 이르지 못한다. 교사들은 학습자들이 사고력을 요구하는 상위능력에 도달하기를 바라지만, 분석, 평가 또는 창조를 위해 배정할 시간은 거의 없다(Bergman & Sams, 2012).

그러나 플립러닝에서는 이러한 블룸의 학습분류법을 뒤집어서 사전학습을 통해 기억 · 이해가 이루어지게 하고, 본학습을 통해 응용 · 분석이 이루어지며, 나아가 평가와 창조의 단계까지 나아가도록 학습자들을 지도하는 데 그 목표가 있다. 이렇게 되면 교사는 수업시간을 블룸의 교육목표분류의 상위 단계에 있는 능력을 키울 수 있는 활동에 학습자들을 참여시키면서 사용할 수 있다. 즉, 더욱 깊은 배움을 촉진시킬 수 있다.

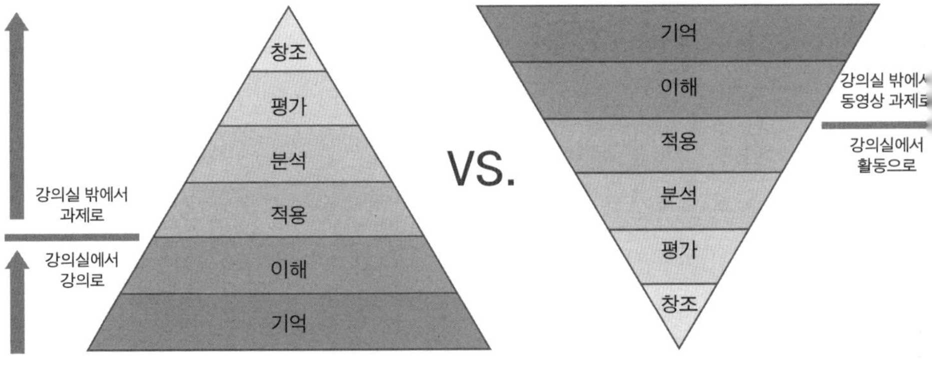

〈그림 5-3〉 신교육목표분류 체계와 전통적 학습체제, 플립러닝 학습체제와의 관계

제3절
플립러닝의 특징

플립러닝은 테크놀로지의 도움을 받아 전통적인 수업방식의 변화를 통해 학생들의 학습을 촉진하고자 하는 시도다(Strayer, 2007). 수업방식의 간단한 조작에 의해 교사 중심의 강의식 수업이 학생 중심으로 전환되면서 가르치는 자에서 배우는 자에게 학습의 중심이 이동하는 교수 · 학습 형태다(이민경, 2014). 플립러닝의 본질은 교육 테크놀로지를 수단으로 수업 방법을 교수자 중심의 강의식 수업에서 학생 중심의 참여형 학습으로 전환함으로써 학교수업의 변화를 도모했다는 점이다(한국 U러닝연합회, 2014).

학습자활동 중심의 학습은 더 높은 비판적 사고능력의 발전을 추구하는 교육의 본질에 적합한 학습방법이라 할 수 있다. 학습활동은 수업을 통해서도 이루어지지만, 바람직한 학습은 학습자 스스로 학습동기를 갖고 자발적으로 참여할 때 이루어진다. 학습자가 주위 환경과의 끊임없는 상호작용을 통해 지식을 내면화할 때, 바람직한 학습이 이루어졌다고 볼 수 있다. 플립러닝의 핵심은 단순하게 수업순서의 변화뿐만 아니라 교실 수업방법을 근본적으로 전환했다는 것이다. 교실수업이 교수자에 의한 단순한 지식전달 시간이 아니라 학습자가 자발적으로 참여와 상호작용하며 본인의 것으로 만들어나간다. 이처럼 플립러닝은 수업방식과 수업순서를 바꾸는 변화를 가져온다는 것이다.

플립러닝은 수업의 중심을 교수자에서 학습자로 옮기는 것이며, 학습자들이 자기주도학습 능력과 문제해결능력을 향상시키고, 무엇보다 능동적이고 활기찬 수업 분위기를 제공한다. 이러한 수업방식은 학습자들을 주체적으로 만들 뿐만 아니라 교수자의 역량 강화에도 변화를 준다. 새로운 정보통신기술을 활용하여 디딤 영상을 만들고 교실수업을 위한 교수-학습 방법을 적용하는 준비 과정에서 기존 교수법에서의 미흡했던 부분을 보완하고 새로운 지식을 접목함으로써 교수자의 능력을 개발시킬 수 있게 된다. 기존의 전통적인 수업에서는 수업 시간의 많은 부분을 강의하는 데 사용하고 학습자들과 일부의 시간을 상호작용에 사용했다면, 플립러닝에서는 수업시간의 대부분을 학생들과 교류할 수 있게 된다.

플립러닝의 주요 특징으로 전문적인 교수자 같은 특성, 융통성 있는 환경, 학습 문화 같은 것을 고려해보면 다음과 같다.

첫째, 플립러닝은 이전까지 전통적인 수업에서의 교사주도 '강의'가 교실 밖 학습으로 이동하고, 수업 후 적용의 의미를 가졌던 교실 밖 '과제'가 교실 안으로 이동한 형태라고 볼 수 있다. 이것은 학습자에게 더 많은 책임감과 주도성을 부과하고, 교수자는 자신의 강의가 교실 밖 학습으로 옮겨간 대신 수업에서 학습자들과 더 많은 상호작용을 하고 개별화 학습을 지원하는 안내자가 된다(이민경, 2014). 지금까지 수동적인 학습자들이 있었던 교실의 모습을 자기주도 학습활동의 적용을 통해 능동적으로 변화시키고 학습 참여를 유도하여 더욱 고차원적인 인지활동이 일어나도록 하는 데 플립러닝 수업의 특징이 있다(Brame, 2013).

둘째, 교실 전 수업에서는 학습과 관련된 테크놀로지를 활용하여 학습자들에게 선수지식의 습득을 안내하고 촉진하는 다양한 도구를 제공한다(Bergman, 2013). 교실 전 수업에서 사용되는 도구는 사전학습을 위한 강의 동영상, 기존의 웹사이트에 존재하는 다양한 동영상, 읽기 자료, 인터넷 자원 등이 있다(박상준, 2009; Howitt & Pegrum, 2015).

셋째, 교실 중 수업에서는 팀을 기반으로 하는 학습자 중심의 활동이 이루어진다(Strayer, 2012). 이는 학습자들이 동료 학습자, 교수자, 조교 등과 상호작용하여 학습 내용의 분석 · 평가 · 적용 활동을 수행하는 협력학습이 이루어진다는 것을 의미한다. 이때 교수자의 역할은 지식의 전달자가 아니라 학습자들의 학습에 도움을 주는 조언자이자 촉진자가 되며 교실수업의 주체로 학습자 역할과 활동이 강조된다(이동엽, 2013; Bergman & Sams, 2012).

넷째, 교수자와 학습자의 역할변화다. 플립러닝에서는 전통적인 교실 수업에서 주류를 이루어온 교수자의 강의가 동영상 및 관련 학습자료 제공을 통해 교실 밖으로 이동함으로써 교실수업의 구조가 전면적으로 변화하게 된다(Howitt & Pegrum, 2015). 즉, 수업의 핵심이 전체 학습자들을 대상으로 하는 교사의 획일적 강의에서 학습자 활동 중심의 개별화된 수업으로 바뀜으로써 전통적인 교실에서 지식 전달자(knowledge delivery) 역할을 수행했던 교수자는 플립러닝에서는 학습자의 활동을 돕는 학습 촉진자(learning facilitator)로 역할이 바뀐다. 반면,

전통적인 수업방식과 비교하여 플립러닝에서의 학습자는 교실 밖에서는 테크놀로지 기반의 온라인 콘텐츠를 학습하고 교실 안에서는 다양한 학습활동을 수행하는 과정에서 더욱 능동적이며 주도적인 학습을 이끌어간다(한형종 외, 2015). 하지만 플립러닝에서 교수자와 학습자의 역할이 변화한다는 것은 교수자의 역할이 사라지는 것을 의미하지는 않는다(Hamdan et al., 2013).

플립러닝에서 교수자는 수업의 전 과정에서 학습자의 학습 내용 이해와 활용을 돕는 복합적이고 다양한 활동을 실행해야 하기에 '수업 전문성을 보유한 교육자'로서의 역할이 전통적인 수업보다는 더 강조된다(Chen et al., 2014). 이처럼 플립러닝은 동영상 강의나 학습자료를 활용하는 온라인 수업과 고차원적인 사고를 촉진하는 문제해결 및 상호작용 활동을 통한 학습자 중심의 교육방법이 아니라 교실 안 수업과 교실 밖 수업의 동등한 가치, 교수자와 학습자의 역할변화, 다양한 테크놀로지 도구 사용 등을 전제로 하는 복합적이고 다면적인 교수-학습 방법이다. 즉, 플립러닝은 학습자의 자기주도학습을 유도하는 온라인 테크놀로지의 장점과 교실 내의 학습 참여를 통한 사회적 지식 구성 및 고차원적 사고를 이끄는 학습자 중심의 상호작용 장점을 모두 포함하고 있다고 할 수 있다(권오남 외, 2013).

제6장

학교교육에 적용된 교수-학습 방법

개요

이 장에서는 군 학교교육에 적용된 교수-학습 방법에 대해 알아보고자 한다. 군 학교교육에 적용된 교수-학습 방법은 구성주의 이론과 원칙에 근간을 두고 있다. 구성주의 이론에서 주장하는 학습에 관한 원칙들은 학습자 중심의 학습 환경 강조, 문제해결 중심의 학습 지향, 협동학습 등이 있다. 따라서 제1절에서는 자기주도학습의 개념을 이해하고, 제2절에서는 문제중심학습 구조를 살펴보며, 제3절에서는 플립러닝에 대해 살펴보고, 제4절에서는 동료교수학습에 대해 고찰했다.

학습내용

제1절 자기주도학습(Self-Directed Learning, SDL)

제2절 문제중심학습(Problem Based Learning, PBL)

제3절 플립러닝

제4절 동료교수학습(Peer Tutoring, PT)

제1절

자기주도학습
(Self-Directed Learning, SDL)

자기주도학습(self-directed learning)이란 "학습자 스스로가 학습의 참여 여부에서부터 목표 설정 및 교육 프로그램의 선정과 교육평가에 이르기까지 교육의 전 과정을 자발적 의사에 따라 선택하고 결정하여 행하게 되는 학습형태"다(교육학용어사전, 2015). 자기주도학습은 특히, 사회교육이나 성인학습의 특징적 방법으로 많이 활용한다. 그 이유는 학교교육의 경우 통상적으로 정형적 교육(formal education)의 성격상 표준화된 교육과정에 의해 교사의 주도하에 타율적인 교육이 실시되지만, 이와 달리 사회교육에서는 상대적으로 학습자에 의한 자율적 교육의 선택 폭이 넓은 비정형적이고 자율적이며 질적이고 다양한 교육이 이루어지기 때문이다. 또한, 사회교육의 주 대상이 되는 성인학습자는 아동 및 청소년 학습자와 달리 자아개념이 독립적이고 자율적으로 성숙하게 되므로 자기주도학습이 가능할 뿐 아니라 이러한 자율학습이 더욱 효과적인 교육방식이 될 수 있기 때문이다. 따라서 자기주도학습에서 학습자는 단순히 수직적이고 위계적인 학습 풍토하에서 수동적으로 학습에 임하는 객체가 아니다.

놀스(Knowles, 1975)는 자기주도학습은 "학습자가 스스로 자신의 학습요구를 진단하고, 학습목표를 설정하며, 학습에 필요한 인적 · 물적 자원을 파악하고, 적절한 학습전략을 선택 · 실행하며, 학습 결과를 평가하는 과정"이라고 정의했다. 즉, 학습자가 학습의 전 과정에서 주도권을 갖고 자신의 학습전략에 의해 목표에 도달하는 자율적인 자기조절을 통한 교육방법이라 할 수 있다. 시몬스(Simmons)는 구성적인 학습에서 자기조성 혹은 자율성의 중요성을 다음과 같이 강조하고 있다.

> *"오직 학습자만이 학습과정에서 적극적인 참여자가 될 수 있다. 학습자만이 계속해서 사용되어야 하는 선수지식을 안다. 학습자 자신만이 구성적이 될 수 있으며, 자신의 학습을 진단할 수 있다. 교사 같은 외부인은 결코 학습자의 내부를 접할 수 없다. 오직 학습자 스스로 추구할 목표만이 있을 뿐이다. 사람들은 원하지 않는 목표를 다른 사람에게 결코 강요할 수 없다. 반성 또한 학습자의 적극적인 역할을 요구한다. 구성적인 학습은 자기주도적 학습을 전제로 한다."*

자기주도학습이 학습자 스스로에 의해 주도적으로 이루어지기 위해서는 몇 가지 구성요소가 전제되어야 한다. 자기주도학습을 연구하는 많은 학자는 이것에 대한 조작 · 관찰 · 검증이 가능하다는 전제하에 자기주도학습이 무엇으로 구성되었는지 파악하기 위해 많은 노력을 펼쳤는데, 학자들의 관심에 따라 강조하는 점에서 차이가 있으며, 또한 다르게 제시되고 있다(2008, 박주연). 그중에서 가장 많이 사용되는 분류는 짐머만(Zimmerman, 1986)의 견해다. 짐머만은 자기주도학습자란 "자신의 학습과정에 초인지적 · 동기적 · 행동적으로 적극 참여하는 자"라고 정의하고 있으며, 자기주도학습을 구성하는 요인을 크게 세 가지, 즉 동기조절 · 인지조절 · 행동조절로 분류했는데, 그 내용은 다음과 같다.

첫째, 동기조절은 학습자 스스로의 내부에서 동기를 부여하는 것으로서, 동기는 과제를 수행하는 자신의 능력에 대한 자기효능감[3]과 학습을 해야 하는 이유에 대한 답인 목표지향성과 관련된다. 둘째, 인지조절은 학습자가 자료나 정보를 기억하고 이해하는 데 사용되는 실제적인 학습전략을 의미한다. 동일한 능력을 가지고 있으면서 동일한 내용을 동일한 시간 동안 학습해도 학습 결과에서 차이가 나는 것은 인지조절의 차이 때문이다. 셋째, 행동조절은 학습자가 자신의 학습을 성공적으로 이끌기 위해 가장 적합한 학습 환경을 조성하고 실천하는 것을 의미한다. 학습자 스스로 자신의 행동을 통제하고, 시간을 조절하며, 필요한 경우에는 적극적으로 도움을 요청할 수 있는 것과 관련된다.

이상으로 자기주도학습의 개념과 구성요인에 대해 고찰했는데, 가장 중요한 것은 자기주도학습을 해석하는 데 있어 다음의 두 가지 사항을 반드시 인식해야 한다는 것이다. 첫째, 자기주도학습은 교육기관이나 교사와의 상호작용 없이 평생학습 차원에서 학습자가 독립적으로 하는 학습으로 이해할 수도 있으나, 구성주의에서 주장하는 자기주도학습은 학교교육과정의 테두리 안에서 교사와 상호작용하면서 학습하되, 학습자가 학습의 주체로서 교수-학습 과정에 더욱 적극적으로 참여하는 학습활동임을 인식해야 한다. 본 연구도 이 관점을 적용하고 있

3 자기효능감은 스스로의 능력에 대한 믿음으로, 주어진 과제를 성공적으로 수행할 수 있는지에 대한 자신감을 말한다. 따라서 자기효능감은 학습동기를 유발하고 학습과정에서 발생하는 문제들을 극복할 수 있는 원동력이 된다.

다. 둘째, 자기주도학습은 간주관적 성격의 교육방법임을 인식해야 한다. 즉 자기주도학습은 구성주의 학습방법 중의 하나로 독립적인 교육방법이라기보다는 구성주의 학습이론을 실제로 적용하는 모든 교육방법에서 공통적으로 적용되는 학습방법으로, 구성주의 학습이론의 전제조건과도 같다고 볼 수 있다.

육군은 자기주도학습을 '학생 중심의 참여형 교육(또는 학생주도 학습)'이라는 용어로 명명하여 적용하고 있으며, 군은 모든 학교교육에서 이를 기본바탕으로 하여 교육을 추진해나가도록 강조하고 있다.

제2절

문제중심학습
(Problem Based Learning, PBL)

문제중심학습은 문제를 활용하여 학습자 중심으로 학습을 진행하는 교수-학습 방법이다(Barrows & Myers, 1993). 전통적인 수업에서는 개념이나 원리를 학습한 후에 문제가 제시된다. 다시 말해 전통적인 수업에서는 학습할 개념이나 원리를 소개한 다음, 학습이 제대로 이루어졌는지 확인하기 위한 방법으로 문제(연습문제)가 주어진다. 하지만 문제중심학습에서는 학습을 시작하기 위한 방법으로 문제가 제시된다. 즉, 학습이 시작되는 출발점에서 문제가 제시되는 것이다(최정임 · 장경원, 2015).

문제중심학습은 문제를 해결하기 위한 학습과정에서 학습자들이 자기주도성과 팀워크를 계발하고, 의사소통 능력과 프레젠테이션 능력을 신장시키며, 궁극적으로는 학습자들의 문제해결력, 창의적 사고력, 비판적 사고력, 전략적 사고력을 함양시키는 것을 주목적으로 한다. 따라서 문제중심학습은 다음과 같은 특징을 가지고 있다.

첫째, 문제중심학습에서는 문제로부터 학습이 시작된다. 특정 주제를 학습하기 전에 문제를 먼저 제시하고, 이후 그 문제를 해결하는 과정에서 문제와 관련된 주제를 학습하게 된다. 학습하기 전에 문제를 접하게 되었을 경우, 학습자는 문제에서 다루는 주제에 관해 자신이 얼마나 알고 있고, 또 어떤 부분을 알지 못하고 있는지를 명확하게 인식하는 효과가 있다. 결과적으로 이러한 실제적인 문제해결을 통해 학습자는 학습내용과 관련된 전문가의 사고를 경험하고, 그 지식과 관련된 전문직업을 이해하게 된다(Dunlap, 2005).

둘째, 팀 활동 중심으로 협동학습이 이루어져야 한다. 문제해결과정은 팀 활동으로 이루어진다. 초기의 의과대학에서 진행된 문제중심 활동은 5~8명의 학습자가 팀을 이루어 학습을 진행하고, 팀별로 배정된 교수자가 각 팀의 진행을 도와주었다. 교수자는 팀 구성원들의 활동을 점검하고 촉진하며, 피드백을 제공하는 역할을 담당했다. 또한, 문제중심학습에서는 팀 활동과 함께 개별학습이 이루어진다. 학습자는 팀 활동에서 팀원들과 함께 문제를 분석하고, 문제해결에 필요한 절차와 방법을 논의하며, 문제해결을 위해 필요한 자료를 수집하고 이해하기 위한 역할분담을 한다. 역할분담에 따라 개별적으로 주어진 학습과제를 학습한 후에는 다시 팀원들이 모여 학습한 내용을 발표하고, 논의하며, 최종 해결안을 모색한다. 개별학습은 자신이 맡은 학습과제를 학습하고 팀원들과 공유하는 과정으로 이루어진다. 결과적으로 협동학습 과정에서는 상호작용을 통해 개인의 사고에 대한 객관적인 평가를 받을 수 있고, 견해 차이로 인한 갈등 해결과정에서 바람직한 사고와 개념의 형성이 가능해지며, 타인에 대한 이해와 의사소통 능력, 발표 능력의 향상을 기대할 수 있다.

셋째, 자기주도적 학습을 통해 새로운 지식을 습득한다. 문제중심 학습에서는 팀 활동뿐만 아니라 자기주도적 학습도 함께 요구한다. 학습자 중심 학습의 특성상 학습자는 스스로의 학습과 연구과정에서 새로운 지식을 습득하고, 전문성을 축적해나가도록 기대된다. 자기주도적 학습을 통해 학습자는 새로운 정보를 얻고, 전문성을 지니게 되며, 문제해결 과정에 적극적으로 참여하게 된다. 학습자는 스스로 얻은 정보를 팀 활동을 통해 다른 팀원들과 교환하여 자신의 학습 결과에 대해 함께 논의하고 비교하면서 학습 결과를 수정 · 보완하게 된다. 결과적으로 자기주도적 학습은 팀 학습에 의해 개별학습자의 학습이 소홀해지는 것을 방지할 뿐만 아니라 팀의 학습능력을 배가시킨다.

넷째, 교수자가 학습진행자 또는 촉진자 역할을 한다. 일반적으로 교수자는 강좌의 교수자일 수도 있고, 교수자와는 별도로 팀 활동을 도와주는 수업 보조자일 수도 있다. 어떤 형태이든 교수자의 역할은 일방적인 강의를 통해 지식을 전달하는 것이 아니라 학습자에게 문제를 더 잘 이해하고 학습을 효과적으로 수행할 수 있도록 필요한 질문을 제기하여 학습을 촉진하는 것이다(Barrows, 1988). 이러한 교수자의 역할은 전통적인 강의에 익숙한 교수자에게는 낯선 기능이다. 일반적인 교수자들은 학습자의 생각을 묻거나 그들의 아이디어를 도출하기 위한 질문을 하기보다는 일반적인 정답을 제시하는 경향이 있다. 또한, 끊임없이 무언가를 가르쳐야 한다는 부담감이 있고, 수업의 주도권을 빼앗기는 것에 대해 불안을 느낀다. 그러므로 효과적인 교수자의 역할을 수행하기 위해서는 훈련이 필요하다.

다섯째, 비구조화된 성격을 지니고 있다. 학습을 위해 제기되는 문제는 학습자가 직면할 수 있는 실제 생활의 맥락과 밀접히 관련되어야 하며, 또한 정형화된 정답이 존재하지 않아 다양한 해결책이 나올 수 있어야 한다. 결과적으로 학습자들은 문제와 관련된 정보와 지식을 찾고 학습하기 위한 책임을 분담하고, 문제해결계획을 수립하여 실행함으로써 효율적인 협력을 하게 된다.

이상과 같은 특징을 지닌 문제중심학습을 한마디로 정의하면 문제를 해결하는 과정을 통해 학습자의 비판적 사고력, 창의력, 의사소통 능력, 협동 능력을 향상시키는 학습자 중심의 교수-학습 방법이라고 할 수 있다.

PBL의 진행단계 및 절차는 고정된 것이 아니라 적용하는 대상과 기관의 특성, 학습목표, 교과 등에 따라 달라질 수 있다. 여러 학자가 제시한 PBL의 절차를 종합적으로 고려해보면 〈그림 6-1〉과 같이 문제 제시, 문제 분석 및 학습과제 도출, 문제해결을 위한 자료 수집, 문제 재확인 및 해결안 도출, 문제해결, 문제해결안 발표, 학습 결과 정리 및 평가

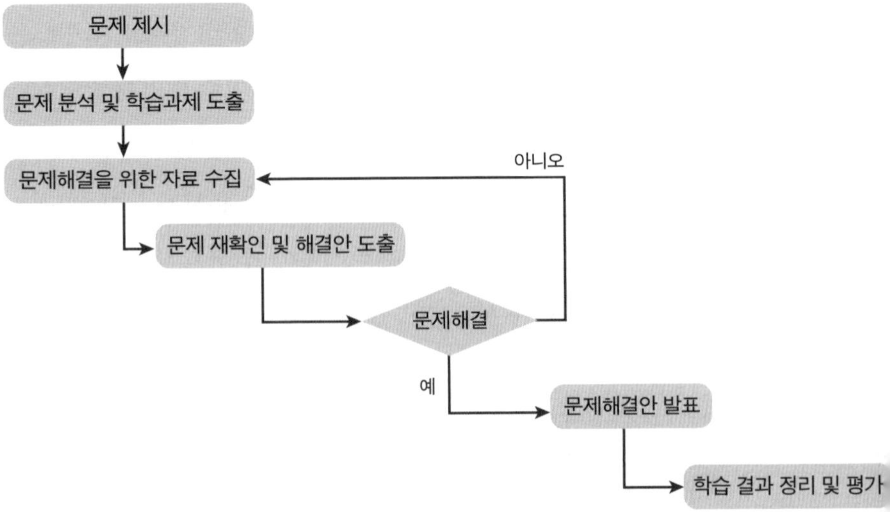

〈그림 6-1〉 문제중심학습 진행 절차

의 여섯 단계로 이루어진다.

PBL의 첫 단계는 해결해야 할 문제를 제시하는 것이다. 교수자가 수업에 사용할 문제를 미리 준비해 수업시간에 학습자에게 제시하는 과정이다.

두 번째, 문제 분석 및 학습과제 도출에서는 문제가 제시되면 학습자는 문제가 무엇인지를 확인하고 해결안을 찾기 위한 방법을 모색해야 한다. 이 단계에서 학습자는 팀별로 문제를 확인하고 요구되는 해결안이 무엇인지를 파악하기 위해 상세히 검토한다.

세 번째, 문제해결을 위한 자료 수집 단계에서 학습자는 팀 구성원 각자가 자신에게 주어진 학습과제를 해결하는 개별학습(자기주도학습)으로 이루어진다.

네 번째, 문제 재확인 및 해결안 도출 단계는 문제 제시 단계에서 확인된 자료를 중심으로 문제에 대한 재평가를 실시한다. 학습자는 개별학습을 한 다음, 다시 팀별로 모여 각 개인이 학습 결과를 발표하고, 문제를 재평가하여 최적의 해결안을 도출한다.

다섯 번째, 문제해결안 발표 단계는 팀별로 최종 문제해결안이 만들어지면 수업시간에 팀별로 준비한 문제해결안을 발표한다.

여섯 번째, 학습 결과 정리 및 평가 단계에서는 문제해결과정에 대해 총체적으로 성찰하고 자기, 팀, 동료 평가 활동이 이루어지고, 교수자는 문제개발, 문제해결과정에서의 지원활동 등에 대해 스스로 교수자 평가를 시행한다. 학습 결과 정리가 끝난 후 학습자에게 성찰일지를 작성하게 하는 것도 좋은 평가방법이 된다. 성찰일지는 학습자에게는 학습 내용을 정리하고, 배운 내용을 점검하는 계기가 되며, 교수자에게는 학습자의 학습 내용 및 과정을 평가하는 자료가 된다.

육군의 학교교육에서는 문제중심학습을 '상황위주토의식 교육'과 '상황위주토론식 교육'이라는 교육방법으로 적용하고 있다. 이러한 학습방식은 사실 오래전부터 적용되어온 전통적인 군사교육 방식이라 할 수 있다. 단지 학습자 중심의 학교교육 방침과 일치하는 방식이므로 자연스럽게 교육방법의 하나로 자리 잡은 것이다.

제3절

플립러닝

플립러닝이 모 방송사의 다큐멘터리 프로그램으로 소개된 후 군에서는 육군 학교교육기관에서 제일 먼저 관심을 보였다. 육군 학교교육기관에서는 먼저 세미나를 통해 플립러닝에 대한 이해, 공감대를 형성했고(조아미, 2014), 2014년 후반기 학교기관별로 시범적으로 플립러닝을 적용한 뒤, 2015년에는 여러 교과 영역에서 플립러닝을 도입하여 실행하고 있다.

육군 학교교육에서 적용되는 플립러닝은 수업 전 · 중 · 후로 구분하여 실시하는데, 수업 전에는 선행학습 및 학습활동 준비를 실시하고 수업 중에는 도입, 학습활동, 수업 후 활동 안내 과정을 거친다. 또한, 수업 후에는 수업 중 활동을 마무리하고 부가 과제에 대한 학습을 수행하거나 자기성찰 등의 과정을 거친다. 이는 국내외 선행연구와 일치한다(김남익 외, 2014; 방진하 외, 2014; 배도용, 2015; 최정빈 · 김은경, 2015; 최현미, 2015; 허난, 2015; Gilboy et al., 2015).

이렇게 적용되고 있는 육군 학교교육의 플립러닝 특징은 다음과 같다. 첫째, 사전학습으로 제공하는 학습자료를 다양화했다. 즉, 수업 전 사전학습을 위한 학습내용 제공을 동영상 강의에 국한하지 않는다. 기존 육군 차원에서 개발한 CBT(Computer-Based Training, 이하 CBT), PPT 학습자료를 활용하면서 플립러닝 적용을 위해 추가적인 선행학습 강의 동영상을 개발하여 활용하고 있다. 이 외에도 인쇄텍스트 기반의 교범, 기본교재 등을 활용하고 있다. 이는 플립러닝이 등장한 이후 꾸준히 제기되어온 학습자가 동영상 강좌를 보는 조건상의 제약(Milman, 2012)을 극복하는 시도로 볼 수 있다. 하지만 미 육군사관학교의 플립러닝 적용 결과 작은 단위로 분할된 강의 동영상에 대한 학습자의 활용도가 높았다는 점에 비추어볼 때(Chetcuti et al., 2015), 향후 강의 동영상은 작은 소단위 주제별로 지속적으로 개발될 필요가 있다. 미 육군사관학교의 사례연구에서 학습자들이 시험 전이나 과제물에 대한 마감기한이 도래했을 때 분할된 강의 동영상을 적극 활용했기 때문이다(Chetcuti et al., 2015). 즉, 이는 제한된 여건에서 사전학습 자료를 다양화할 수 있지만(박진욱, 2014; 박상준, 2015), 분절화된 강의 동영상을 지속적으로 개발할 필요가 있다는 것을 의미한다.

둘째, 수업 전 사전학습 시간을 확보하기 위해 선행학습 시간을 정과 교육시간에 포함하여 운영하고 있다. 박태정 · 차현진(2015)에 따르면, 플립러닝에 참여하는 학습자들은 사전 과제나 학습에 대한 부담감을 갖는다. 이러한 맥락에서 선행학습 시간을 정과 교육시간에 포함하여 수업 시간으로 반영하는 것은 학습자의 학습부담을 줄이는 차원에서 적극적인 조치로 생각된다. 또한, 이러한 조치는 수업 전 사전학습 시간에 교수자나 동료 학습자와의 면대면 상호작용을 가능하게 한다.

정과 교육시간에 통제된 장소에서 함께 수업 전 사전학습을 하게 되므로 담당 교수자에 의한 학습 촉진 활동뿐만 아니라 동료 학습자 간의 상호 학습 지원이 이루어질 수도 있다.

셋째, 수업 중 활동을 크게 세 가지 범주로 정형화했다. 과제의 성격에 따라 '상황위주토의식 교육', 'L&T 기법'을 적용하되 야외훈련 등을 통해 행동화 숙달이 필요한 학습과제는 소규모 팀 단위 '숙달체득식 교육'을 하도록 했다. 이러한 최소한의 정형화된 수업활동은 학습자가 수업전략이나 방법에 영향을 받지 않고 오롯이 학습 내용에 집중할 수 있다는 이점이 있다(Gilboy et al., 2015; 한형종 외, 2015). 하지만 플립러닝의 이점 중 하나인 학습 활동의 다양성이 반영되지 못했다는 점(김은영 · 이영주, 2015; Galway et al., 2014)은 제한점으로 작용할 수 있다.

육군에서는 2015년 학교교육 혁신을 위한 기반적인 개념을 플립러닝으로 하여 접근했다. 지금은 '학생 중심의 참여형 교육'으로 개념이 정립되어 교육훈련 관련 문헌들에 반영되어 있으나 플립러닝의 학습방식은 그대로 유지되고 있다. 사실적으로 육군 학교교육에서 '학생 중심의 참여형 교육'과 '플립러닝'은 동일한 개념으로 이해 및 적용된다고 볼 수 있다.

제4절

동료교수학습
(Peer Tutoring, PT)

협동학습법[4] 중의 하나인 동료교수학습은 교사가 학습자를 가르치는 일방적인 관계가 아니라 학습자가 교사가 되어 수업을 진행하는 방법(이만희, 2012)으로, 한 명의 교사가 제한된 시간에 여러 명의 학습자에게 맞는 개별화된 교수가 어려운 현실에 대한 대안적인 방법으로 이용되고 있다. 동료교수학습은 1:1로 교수가 이루어짐으로써 동료 교수자와 동료 학습자 공히 학업성취도가 높을 뿐만 아니라 교우관계나 사회성 향상에도 긍정적인 영향을 미치는 것으로 알려져 있다. 또한, 교사의 부담이 줄고, 학습 이해 속도가 느린 학습자는 심리적 안정을 얻을 수 있으며, 학습자가 교사의 입장을 이해하게 된다는 장점이 있다.

동료교수를 적용하는 방법은 세 가지로 대별된다(이재석, 2016). 먼

4 협동학습(cooperative learning)은 학습능력이 다른 학습자들이 동일한 학습목표를 해결하기 위해 집단 내에서 활동하는 수업방법으로, 모든 학습자가 명확하게 할당된 공동과제에 참여할 수 있는 집단에서 함께 학습하는 것이라 할 수 있다.

저 '동급 간 동료교수(same-age peer tutoring)'는 학교에서 일반적으로 사용하는 유형으로서 같은 학년, 같은 학급 내 동료 간에 동료 교수자와 동료 피교수자를 지정하는 것이다. '선후배 간 동료교수(cross-age peer tutoring)'는 나이가 더 많은 동료 교수자가 경험과 능력의 차이를 이용하여 나이 어린 피교수자에게 교수하는 방법이다. 그리고 '상호 동료교수(reciprocal peer tutoring, RPT)'는 동급 간 동료교수를 응용하여 교수자와 피교수자가 역할을 교대로 수행하는 방법이다.

이 세 가지 유형 중에서 육군의 학교교육에서 적용되는 방법은 상호 동료교수(RPT)다. 상호 동료교수는 판투조(Fantuzzo, 2012)와 그의 동료들이 제안했는데, 수준이 비슷한 학습자 중에서 먼저 문제를 해결한 학습자가 그렇지 못한 학습자가 겪고 있는 어려움을 가장 잘 파악하고, 자신은 그 어려움을 어떻게 해결했는지를 잘 설명해줄 수 있다는 점을 활용한 것이다. 즉, 그들의 수준에 맞는 언어와 내용으로 학습에 도움을 주는 학습방법이라 할 수 있다.

상호 동료교수를 적용해야 함에 있어 유의해야 할 점은 교사가 학습자들에게 자신의 수준에 맞게 자율적으로 학습할 수 있도록 과도한 개입과 감독을 지양해야 한다는 점, 그리고 자율성을 보장한다고 해서 특별한 기준이나 방침도 없이 단순하게 짝만 지어놓고 상호 교수하도록 방치해서는 안 된다는 점이다.

군의 학교교육에서 상호 동료교수는 'Learning & Teaching(L&T)'[5] 또는 '상호 동료교육'이라는 명칭으로 적용되고 있다. 그러나 상호 동료

5 Learning & Teaching(L&T)은 교관의 가르침을 받아서 교관의 역할을 해본다는 의미와 가르치는 가운데 스스로 배운다는 두 가지 의미가 있다. Learning & Teaching 교육기법은 처음에는 어설프고 부족하더라도 교육생이 참여하는 교육, 교관과 같은 위치에서 체험하는 교육을 통해 효과를 달성하는 것이다.

교수가 동료 교수자와 동료 피교수자 모두의 학업성취도 증대를 추구하는 반면, 육군에서 적용하는 L&T는 실제로 1:1 교수가 아니라 선행학습을 한 동료 교수자가 다른 동료 피교수자에게 일방적으로 강의하는 형식을 적용하거나 개인평가의 수단으로 활용하는 등 본래의 방법과는 변형된 방법으로 적용되고 있어 본연의 목적을 달성하기 어려운 것이 현실적인 문제다.

제3부

플립러닝 실증사례 연구 및 발전방향

제7장

간부 양성교육과 플립러닝 적용 사례

개요

이 장에서는 군에서의 간부 양성교육과 플립러닝의 적용에 대해 알아보고자 한다. 군에서 양성교육은 장교, 부사관, 병 등 신분별로 필요한 군인의 기본자질, 전투기술, 가치관, 지식을 부여하는 것을 목적으로 실시된다. 이 중 장교 양성교육은 장교로서의 소양과 기본 전투기술, 전투지휘능력과 교육훈련 지도능력 구비에 중점을 둔다.
제1절에서는 장교 양성교육 과정과 교육방법의 개념을 이해하고,
제2절에서는 군 리더십 교과목의 플립러닝 사례를 살펴보며,
제3절에서는 군사학 수업의 플립러닝 성과와 쟁점에 대해 고찰했다.

학습내용

제1절

장교 양성교육 과정과 교육방법

1. 장교 양성교육 목적 및 교육과정

학교기관에서의 양성교육은 장교, 부사관, 병, 군무원 등 신분별로 필요한 군인의 기본자질, 전투기술, 가치관, 지식을 부여하는 것을 목적으로 실시된다.

장교 양성교육은 사관생도과정(육사생도, 3사생도)과 사관후보생 과정(학군사관, 학사사관, 단기간부사관, 법무사관, 군종사관, 의무사관, 전문사관)으로 구분한다. 장교 양성과정은 동일한 의식을 가진 장교단 육성 차원에서 양성학교별 동일 과목에 대한 표준화된 교안을 활용하여 장차 임무수행에 필요한 잠재능력, 기본소양이 구비되도록 교육한다. 임무수행에 필요한 전투기술, 전투지휘능력, 훈련지도능력을 갖춘 유능한 간부를 임관시키기 위해 임관종합평가제도를 시행한다.

장교 양성교육 목표는 "장교로서의 기본소양과 기본전투기술, 전투지휘능력, 교육훈련 지도능력 구비, 리더십을 배양"하는 데 있다(육군본부, 2020).

과정별 교육 담당 및 기간은 교육여건 변화에 따라 융통성 있게 적용하는데, 다음 〈표 7-1〉과 같다.

〈표 7-1〉 장교 양성교육 담당 및 기간

구분	육사 생도	3사 생도	간사 생도	학군사관	학사 사관	단기간 부사관	특수 · 전문사관	준사관
담당 학교	육사	3사교	국간사	학군교				
교육 기간	4년	2년	4년	2년	16주	14주	6~9주	3~33주
군사 교육	49주	31주	18주	16주	16주	14주	6~9주	3~33주

교육목표 달성을 위해 공통과목을 선정하여 교육하고 있고, 과목은 군사교육 과목을 기준으로 직무분석을 고려하여 편성하되, 육군 장교 양성에 공통적으로 요구되는 과목 위주 편성은 〈표 7-2〉와 같다.

〈표 7-2〉 장교 양성교육 과정별 공통과목

구분	계	과목명
총계	19	-
전술학	2	분대전투, 소대전투
지휘관리학	1	군사보안
장병기본훈련	10	각개전투, 개인화기, 화생방, 구급법, 경계, 독도법, 수류탄, 제식, 체력, 정신전력
리더십/군대윤리	5	리더십, 군인복무기본법, 군법/인권, 인성교육, 군대윤리
기타	1	편제장비 / 화기

생도 및 학군후보생 과정은 기초군사훈련, 하계 · 동계군사훈련, 교내교육으로 구분하여 군사교육을 한다. 기초군사훈련은 군인화 교육 위주의 과목, 하계 및 동계군사훈련은 전술훈련과목 위주의 실습 및 행동 위주로 훈련을 한다. 교내교육은 해당 학교의 학사과정 속에서 학교장 책임하에 매주 일정한 시간을 지정하여 군사교육을 실시한다.

군사교육 과목의 편성은 위의 〈표 7-2〉와 같으며, 대체로 행동화 숙달이 요구되는 전술학과 장병기본훈련 과목은 입영훈련에, 이론적으로 숙지해야 할 장병기본훈련 중 정신전력 · 제식, 리더십 · 군대윤리 등 관련 과목은 교내교육에 편성된다. 또한, 수준 유지가 지속적으로 필요하거나 이론적인 이해가 필요한 일부 과목들은 교내교육과 입영훈련에 중복 편성되어 있다. 학군사관후보생 교육과정은 주로 단기간 복무하는 장교를 양성하기 때문에 중 · 장기복무 장교를 양성하는 사관생도(육사 · 3사) 교육과정에 비해 교육기간, 내용, 여건 등에서 차이가 있을 수밖에 없다.

2. 교육방법의 적용 및 절차

교내교육과 입영훈련으로 이루어진 장교 양성교육 과정에서는 〈그림 7-1〉과 같이 '학생 중심의 참여형 교육방법'을 적용한다.

전반적인 교육 진행의 틀은 플립러닝을 적용한다. 이에 따라 후보생들의 선행학습은 교내교육 간에는 수업시간에, 입영훈련 간에는 수업 전날에 해당 과목 교재 숙독과 CBT 동영상 시청 등을 통해 사전학습을 함으로써 수업에 필요한 선수지식을 스스로 습득하게 된다. 선행

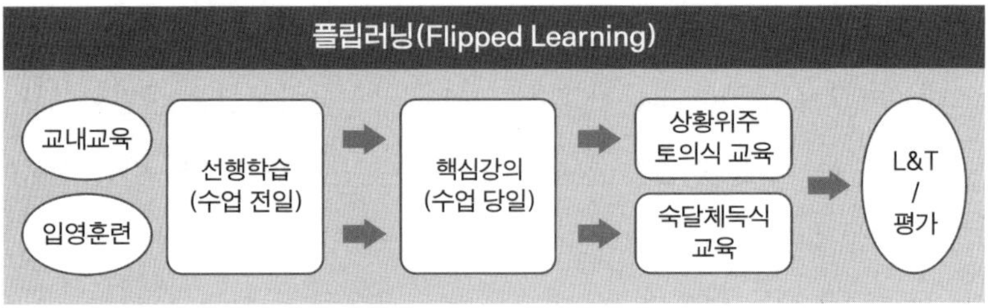

〈그림 7-1〉 장교 양성교육과정에서 학생 중심의 참여형 교육방법 적용

학습 진행은 1주~D-3일에 기본 및 보충교재와 학습활동지시서를 배부받은 후 D-1일 1~2시간은 교관이 제공한 CBT 동영상을 시청한다. 선행학습 확인은 개인(안) 확인 및 질의응답 순으로 이루어지는데, 선행학습 절차는 〈그림 7-2〉와 같다.

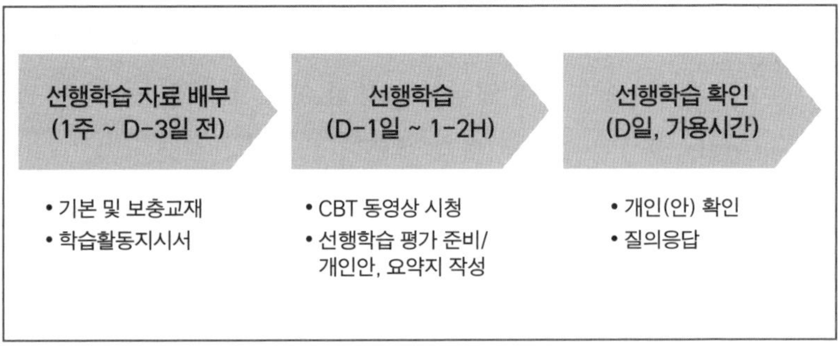

〈그림 7-2〉 학군사관후보생 선행학습 절차

학군단 군사학 수업 간 후보생들은 선행학습을 위해 학군단에 설치된 선행학습실에서 학습하게 되는데, 개인 PC, 네트워크 등 선행학습 자료 접근을 위한 기반체계가 부족하다. 따라서 후보생의 전공 학습여건 보장을 위해 수업 당일 수업 전 선행학습을 하는 사례가 있어 선행학습의 효과가 반감되는 경우가 발생하여 이를 보완하기 위한 노력이 필요하다.

한편 수업 당일 본학습은 교관이 사전학습 여부를 간략하게 확인하고, 수업과제와 관련된 핵심강의를 가능한 한 단시간 내에 실시하여 장교후보생들이 주도하는 학습활동 시간을 최대한 보장한다. 수업 당일 학습에서는 상호동료교육, 상황위주토의(론)식 교육, 숙달체득식 교육 등의 교육방법을 적용한다. 본학습은 수업 중에는 도입, 학습활동, 수업 후 활동 순으로 진행되며 먼저 도입은 학습준비도 확인, 선행학습에 대한 질의응답, 핵심개념 개관(필요 시 핵심강의) 등으로 진행된다. 학습활동은 분 · 소대 단위 모둠학습과 동료학습으로 진행된다. 수업 후 활동은 학습활동 간 창의적인 안에 대해 교관 강평과 필요 시 다음 교육에 대한 학습 안내로 진행된다. 이를 도표화하면 〈그림 7-3〉과 같다.

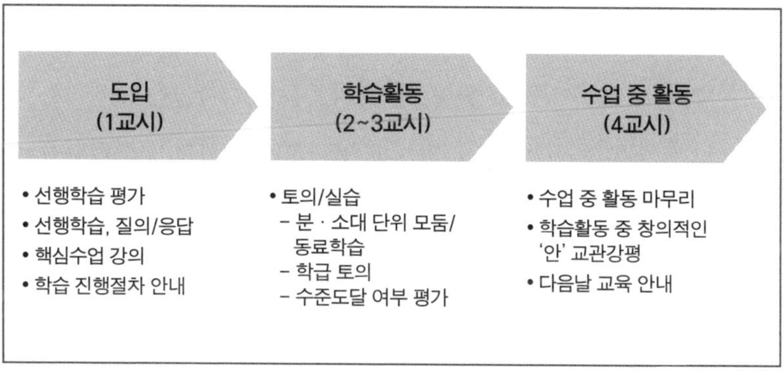

〈그림 7-3〉 학군사관후보생의 본학습 절차

제2절

군 리더십 교과목의 플립러닝 사례

군 리더십 교과목 수강은 육군 학군단 3 · 4학년 사관후보생들이 4개 학기에 걸쳐 수강하고 있다. 본 교과목은 선행학습을 수행하는 데 필요한 기초지식은 어느 정도 가지고 있다고 분석되어 플립러닝을 적용하기에 무리가 없다고 판단되었다. 물론 수업의 설계는 육군학생군사학교에서 제시하는 학습활동지시서에 근거하여 계획하되, 학습활동지시서는 학군단 여건에 맞게 수정하여 적용했다.

1. 연구대상

이 연구의 대상자는 2019년도 2학기 군 리더십 교과목 중 지휘훈육을 수강한 90명이다. 플립러닝 수업 참가 학군사관후보생은 〈표 7-3〉과 같다.

〈표 7-3〉 플립러닝 수업 참가 학군사관후보생 현황

구분		응답자 수	구성비(%)
성별	남	80	88.8
	여	10	11.2
	합계	90	100.0
학년별	3학년	43	47.7
	4학년	47	52.3
	합계	90	100.0
소속계열	군사학과	47	52.3
	일반학과	43	47.7
	합계	90	100.0
과목지식 수준	대체로 높은 수준	40	44.4
	대체로 중간 수준	45	50.0
	대체로 낮은 수준	5	5.6
	합계	90	100.0

2. 수업설계

효율적인 플립러닝을 위한 전략으로 이 연구에서는 사전에 육군학생군사학교에서 제공한 학습활동지시서[1]를 근거로 수업 전, 수업 중, 수업 후의 3단계로 나눈 후 〈표 7-4〉와 같이 제시하고 이에 준하여 수업운영을 진행했다. 학습활동지시서는 교육생들이 준비할 사항, 교육진행과 선행학습 지침, 수업 진행, 평가에 대한 내용이 포함된다.

1 육군본부에서 발간한 『교관지침서』(2018)에서 학습활동지시서는 교육 개시 이전에 선행학습 유도 및 안내를 위해 지침 위주로 구체화하여 작성된 것으로 사전에 학생들에게 배부된다(3-11쪽). 이 학습활동지시서는 강의실 밖의 선행학습과 강의실 안의 학습 과정을 구분하여 제시하면서 교육 진행 및 평가에 대한 전반적인 사항을 포함하고 있다.

〈표 7-4〉 플립러닝 단계별 수업설계와 진행방법

구분		교수자	학습자
수업 전		수업전략 수립	사전 강의 동영상 시청
		사전 강의 동영상 공유	
수업 중	수업 도입	준비도 확인	이해도 점검 강의 및 질의응답
		수업목표 및 문제 제시	수업목표 및 문제 확인
	수업 전개	자료탐색 활동 촉진	활동지(워크시트): 모둠문제 해결과 토론
		팀 활동 촉진	
	수업 정리	결과 공유활동 및 피드백 제공	발표와 피드백
		소규모 강의 제공 및 정리	소규모 강의 듣기
		평가활동	
수업 후		수업내용 정리와 다음 수업 안내	수업내용 복습활동
		수업에 대한 학생들의 의견수렴	수업에 대한 의견 제시(설문조사)
		심화보충학습 자료 제공	자기주도적 심화보충학습 활동

3. 수업 운영

1) 수업 전(선행학습)

선행학습에서 사용한 동영상 자료는 육군학생군사학교(2020)에서 제공한 CBT 동영상 CD를 활용했으며, 시청시간은 10~15분이 소요되었다. 이 동영상 CD는 육군학생군사학교(2020)에서 장교후보생의 지휘능력 함양을 위해 개발된 평가지표를 근거로 개발된 자료이므로 표준화된 교육을 위해 매우 적합한 교육자료다.

학습준비단계에서 학생들은 선행학습을 위한 동영상 CD 및 학습활동지시서를 제공받고, 자기주도적 학습능력의 배양을 위해 학생들은 학군단에서 자율적으로 선행학습을 시행하도록 했으며, 과제에 대한 '개인안'을 기록하여 스스로 설정한 학습목표에 대한 평가를 하도록 했다. 선행학습의 동기부여 및 학생들의 개별화된 학습요구를 수용하여 선행학습실을 정기적으로 개방했으며, 학생들은 자체적으로 조별 8~9명씩 구성하여 체계적으로 선행학습실을 이용했다. 선행학습실에는 학군단 교관이 학군단에 상주하여 선행학습의 질을 높이고, 수업 중 심화학습이 가능하도록 했다. 선행학습 후에는 학습목표와 핵심내용의 전술원칙, 선행학습에서 이해되지 못한 내용을 자기성찰일지에 기록했다.

2) 수업 중(본학습)

수업 시작 직후는 선행학습 확인 단계로 선행학습으로 제공한 기초이론과 군사용어에 대한 퀴즈를 실시하여 선행학습 정도를 파악하고, 선행학습 과정에서 과목의 궁금한 사항이나 수업 중 조치해야 할 문제점을 질의응답을 통해 확인했다. 교관은 선행학습 동안 제시된 문제점이나 요구사항에 대한 행동시범을 하고, 이론적 근거와 관련된 핵심강의를 실시하여 이론과 실전의 연계성 및 학습의 방향을 유지했다.

조별활동 단계에서는 문제해결능력과 의사소통능력을 강화하기 위해 개인이 아닌 8~9명의 그룹으로 조를 이루어 상호협력적인 토의가 수행된다. 조별 활동의 촉진을 위해 학생들 자체적으로 토의 조원을 구성하고 조별 학습 및 활동계획에 따라 조원의 학습 규칙에 대해 자발적으로 동참한다. 이때 교관은 강의실을 순회하며 장교후보생들의 토의 수행 과정에서 소통하는 방식을 관찰하고 대응요령을 지도했으며,

그 외 관찰되는 문제점 및 전술적 오류를 적시에 피드백하여 문제해결에 대한 대안적 방안이 도출되도록 했다. 또한, 학습역량이 부족하고, 조별 활동에 적극적으로 참여하지 않는 후보생들이 발생할 수 있으므로 모든 조원이 토의에 참여하도록 관심을 가졌다. 그럼에도 조별토의에 적극적으로 참여하지 않아 플립러닝의 효과를 반감시키는 사례가 있었다. 그래서 토의에 대한 평가를 교관이 직접 조원 중 한 명씩 무작위로 질의하는 것으로 변경하여 실시했다.

조별 토의가 종료되면 이론과 관련된 간략한 학습문제로 이론적 근거를 제시한 후 학급발표는 조별로 발표하도록 하고, 학급별 발표에 대한 피드백을 제공했다.

3) 수업 후(정리 및 성찰: 강평)

수업 후 정리 및 성찰 단계는 군에서 '강평'이라고 표현하는데, 성찰 단계에서 학생들은 실습을 통해 배운 점과 느낀 점, 보완해야 할 점 등에 대한 개인 연구노트를 작성하면서 문제해결 개인 연구노트를 수거하여 확인했으며, 이론적 근거의 잘못된 부분이나 부족한 부분을 수정하여 피드백했다. 또한, 개인 연구노트를 통해 사전학습 정도를 파악하고, 개인 연구노트에 작성된 학생들의 요구사항이나 어려운 점 등을 파악하여 플립러닝을 적용한 군사학 수업에 반영한다. 마지막으로 핵심내용에 대한 요약을 질의응답 방식으로 강평하고 다음 차시 수업내용을 소개했다.

제3절

군사학 수업의 플립러닝 성과와 쟁점

1. 군사학 수업의 플립러닝 적용에 대한 장교후보생의 인식

첫째, "플립러닝을 적용한 군사학 수업이 재미있다고 생각하는가?"라는 질문에는 "다양한 의견을 공유하고 동기들과 소통할 수 있어 좋다"라는 의견이 다수였다. 반면에 수업내용이 너무 생소하여 조금 어렵다는 의견도 있었다.

둘째, "플립러닝을 적용한 군사학 수업에 적극적으로 참여하는가?"라는 질문에는 "동기생들에게 폐를 끼치기 싫고 연대감을 갖기 위해 적극적으로 참여한다"라는 의견과 "전공수업이 이어질 때는 집중도가 떨어져서 적극적으로 참여하지 못한다"라고 했다.

셋째, "플립러닝을 적용한 수업이 내용의 이해도 측면에서 도움이 되는가?"에 대해서는 "모르는 것은 질문을 통해 알 수 있어 좋다"라는 의견이 있는 반면, "본학습 시 교관에 따라 다른 개념을 알려주어서 혼란스럽다"라고 답했다.

넷째, "플립러닝이 교관 및 동료와 의사소통을 하는 데 도움이 되는가?"라는 질문에 "교관들이 피드백을 해주고 동기생들의 다양한 의견을 들을 수 있어 의사소통에 도움이 된다"라는 의견과 "교관의 일방적인 주입식 강평과 대형 강의장에서 교관 1명이 강의하는 것은 소통에 제한을 가져온다"라고 응답했다.

다섯째, "플립러닝을 계속하고 싶은가?"라는 질문에는 대부분 "수동적인 수업보다는 능동적으로 참여 가능하고 학업성취도 향상의 효과가 있어 계속하고 싶다"라고 응답한 반면, 일부 "강의수업을 줄여야 한다"라는 응답도 있었다.

2. 전통적인 수업방식과 플립러닝을 적용한 수업방법 병행

전통적인 수업방식과 플립러닝을 적용한 수업방법을 적용한다는 것은 지시적 수업과 비지시적 수업을 병행하여 적용한다는 의미다. 지시적 수업은 객관주의적 인식론에 근거하여 교수자가 중심이 되어 강의 위주로 하는 수업방식을 의미하는 반면, 비지시적 수업은 구성주의적 인식론에 근거한 학생 중심의 수업방식을 말한다(권낙원 외, 2019). 비지시적 수업은 교사의 명확한 지도 없이 학생들이 스스로 개념과 원리, 그리고 인지전략을 발견하므로 오류가 발생하기 쉽기 때문이다. 그리고 이러한 방식은 우수한 학생들에게 유리하게 적용하여 갈수록 능력별 학습 기회와 성적 격차가 심화되며, 학습의 초기 단계에서 반드시 배워야 할 기본적이고 도구적인 지식과 기능의 학습을 소홀히 함으로써 이것이 누적되어 부진을 초래할 수 있다는 것이다(성형권, 2018).

학군장교 양성교육이 군에 대한 선수지식 기반이 전혀 없는 민간인을 군인화하는 과정임을 고려한다면 의미 있는 지적이라 할 수 있다.

완전학습이론[2]의 기초를 마련한 블룸은 수업체제를 구성하는 변인들을 투입변인, 과정변인, 산출변인으로 구분하고, 이들 간의 관계를 아래 〈그림 7-4〉와 같은 교수모형으로 제시했다.

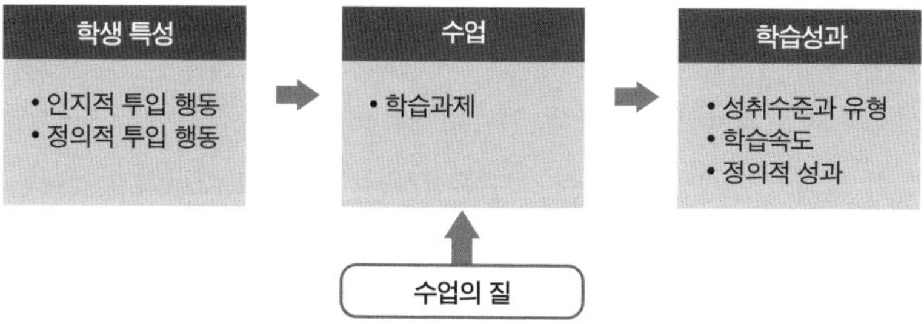

〈그림 7-4〉 블룸의 교수모형

출처: 권낙원 · 김동엽, 『교수-학습 이론의 이해』(2019), 221쪽에서 발췌하여 재구성.

투입변인은 인지적 · 정의적 특성으로 구분되는데, 인지적 투입행동은 선행 학습능력, 지능, 적성 등을 말하며, 정의적 투입행동은 동기, 태도, 호기심, 정서, 효능감, 자아개념 등으로 구성된다. 수업은 학생 특성을 반영하여 학습과제를 다루는 과정으로 수업의 질은 교사변인이며, 산출변인은 학습성과의 유형들을 의미한다. 블룸은 학생 특성 중 인지적 투입행동(특히, 선행학습능력)이 성적 변량의 50% 정도를 결정하고,

2 완전학습이란 학업성취도를 90% 이상 접근시키려는 이론이다. 한마디로 요약하면 수업의 질을 높이려는 방안으로 동기가 부족한 학생에게 학습기회를 제공하고, 지구력이 약한 학생에게는 지구력을 높이는 교육방법을 처방하여 대다수 학생이 교육목표를 달성하게 하는 것이다. 완전학습을 주장한 대표적인 학자로 블룸(B. S. Bloom)을 들 수 있는데, 그는 전체 학습자의 95% 이상이 90%의 학습목표를 달성할 때를 완전학습으로 인정했다.

그다음으로 정의적 투입행동이 25%, 수업의 질이 25% 정도를 결정한다고 보았다(Bloom, 1971). 그는 선행학습이 후속학습을 결정하게 되므로 선행학습에서의 결손은 후속학습의 실패를 초래하게 되어 결국 초기의 학습실패는 누적적 결손을 유발하기 때문에 학생들 간의 학력 격차를 크게 만드는 요인이 된다고 주장했다(권낙원 외, 2019)

육군 학군단 장교후보생 양성교육을 블룸의 주장에 대입해보면, 앞서 논의한 바와 같이 육군 학군단의 선행학습 여건은 매우 제한되고 동기적인 측면의 정의적 투입행동 역시 매우 낮다. 그리고 육군 학군단 장교후보생 교육을 학생주도 학습방법으로 수업을 일관하는 것은 학습의 실패와 학생 간의 수준 격차를 심화시키는 결과로 이어질 것이다. 따라서 전통적인 교육 방법과 플립러닝을 적용한 군사학 수업의 병행을 통해 완전학습이론에 입각한 실질적인 학습이 달성될 수 있을 것으로 예상된다.

3. 선행학습 문제점의 면밀한 분석 및 대책 강구

학군단 교내교육은 선행학습을 전제로 하지 않고 교관의 핵심강의가 이루어져 학습성과 달성이 제한된다. 군 관련 경험과 선수지식이 전혀 없는 장교후보생들에게는 군이 직면한 전장 상황, 해당 과목을 교육해야 하는 배경 등 부족한 군사지식 등 선수지식을 축적해주면서 이를 기초로 군인으로서 갖추어야 할 기초지식과 소양을 면밀하게 지도해야 한다. 따라서 교내교육의 방법은 장교후보생들이 선수학습의 미진으로 인한 수업 부담 없이 교육현장에 참여할 수 있도록 하고, 수업에서는 선행학습을 전제로 하지 않고 교관이 충분한 시간을 활용하여 해당 과제를 설명하는 것이 장교 양성교육의 취지에도 더 효과적이라 할 수 있다.

4. 육군 학군단 플립러닝 교수학습모형 개발

교수설계는 교수의 방법을 이해하고 개선하는 데 관심이 있으며, 주어진 상황(학습자 특성, 교과내용 특성 등)에서 의도하는 교수 결과(효과성, 효율성, 매력성 등)를 성취하기 위해 최선의 교수 방법에 대한 명백한 안내를 제공한다(Reigeluth, 1999).

또한, 교수학습모형이란 "교수설계이론 등을 바탕으로 더욱 구체적으로 특정 수업상황에서 적용될 수 있는 교수설계 전략과 방법 등을 구조화하여 제시한 것"을 의미한다(임철일, 2012). 즉, 교수설계활동의 이해를 도와주면서 설계활동을 더욱 체계적으로 수행할 수 있도록 하는 지침이자 수단을 제공해주는 것이다(김영진 외, 2006). 교수설계자는 교수설계모형을 통해 교수 상황의 문제를 더 잘 이해하게 되며, 그 문제를 구체적인 단위로 분석하여 효과적으로 해결책을 제시할 수 있다(교육공학 용어사전, 2005).

하지만 육군 학군단의 교수학습모형은 미흡하며 육군학생군사학교의 학교교육계획(2020)에는 교육진행 절차만 안내하고 있어 학군단 여건에 부합하고 효과적인 학습을 위해서는 학군단 학습여건에 부합한 교수학습모형 개발이 필요하다.

5. 플립러닝 여건 보장을 위한 학습지원실 환경개선

육군 학군단 내 학습지원실은 대부분 책상이 전면으로 배치되어 있어 플립러닝 수업을 진행하기에는 부적합하다. 본학습 간 조별토의(모둠학습)를 위해 매번 책상을 옮기는 것이 현실적인 어려움 중의 하나다. 조별토의와 심화지도를 하기 위해서는 학생들이 조별(모둠별)로 토의할 수 있도록 학습지원실 환경개선이 필요하다.

육군 학교교육에서 플립러닝 수업이 성공을 거두기 위해서는 육군 차원에서의 재정적 교육지원, 다른 한편으로는 교수자 차원에서의 뛰어난 교수설계능력, 숙련된 수업 노하우가 중요하다고 본다.

교수자는 플립러닝이라는 교육의 '형식'과 가르침과 배움이라는 교육의 '내용'이 상호조화를 이룰 수 있도록 지속적인 교육적 탐색과 도전이 필요하다고 본다. 즉, 교수자는 플립러닝이라는 교육의 '형식'과 가르침과 배움이라는 교육의 '내용'을 어떻게 유기적으로 접속할 것인가에 대한 교육적 지혜가 필요하다.

이상과 같이 군사학 수업 플립러닝 적용 간 나타난 문제점들을 보완한다면 기존의 강의식 수업보다 학생들의 참여도와 개별 이해도를 높일 수 있는 좋은 수업이 될 것이다.

제8장 학교교육 플립러닝의 학습성과[3]

개요

이 장에서는 육군 학군단 군사학 수업에서 적용하고 있는 플립러닝이 학습성과에 어떠한 영향을 미치는지 학습자들의 진단 및 설문조사를 통해 살펴보았다. 제1절에서는 연구목적과 필요성을 알아보고, 제2절에서는 연구방법 및 측정도구에 대해 살펴보았다. 제3절에서는 연구 결과를, 제4절에서는 연구의 학술적 함의 및 시사점에 대해 고찰했다.

학습내용

3 이 장은 저자의 논문(2021.2) 「육군 학군단 플립러닝이 학습성과에 미치는 영향과 적용에 관한 연구」에서 일부 내용을 발췌하여 재구성 및 정리한 것임.

제1절

연구목적과 필요성

21세기 들어 지식정보화사회로 급속하게 진행되면서 교수자 주도의 일방적인 지식전달 위주로 이루어지던 이전의 교육방법들과 달리 학습자 중심의 교육이 더욱 활성화되고 있다. 이러한 패러다임 전환을 위한 방안으로서 플립러닝(Flipped Learning)은 학습자들이 능동적으로 참여하는 대표적인 교수법이다.

플립러닝은 "수업 전에 온라인 동영상을 통해 미리 강의를 듣고, 교실에서 이루어지는 수업에서는 강의 동영상 학습에서 해결하지 못한 문제를 동료학습자와 토론 또는 교수자의 도움을 받아 적극적으로 문제를 해결하는 활동을 수행하는 학습"이다(Bates & Galloway, 2012). 기존의 전통적인 교육은 학생들에게 단편적인 지식전달 중심의 획일화된 통제적인 주입식 교육을 하고, 집에서는 과제나 숙제를 해결해야 했다. 그러나 플립러닝은 학습의 순서를 바꾸어 학습자들이 정보나 지식을 집에서 습득하고, 학교 수업에서는 동료 학생들과의 토의 및 과제수행을 통해 집에서 습득한 지식이나 정보 기능을 넓히는 활동을 하게 된다.

플립러닝은 학습자의 책임과 주도성 증가, 교수자의 적극적인 안내자로서의 역할 증가, 학습자의 능력에 따른 개별화 교육 가능, 교실 속 상호작용의 증가, 학생들의 수업 참여도가 증가한 것으로 나타났다(Jonathan Bergman & Aron Sams, 2012; 정찬필 외, 2015). 또한, 학습자가 자신의 수준에 맞게 학습의 속도를 조절할 수 있게 해주고(강명희 외, 2016), 학습자들이 문제를 해결하는 과정 중 습득한 지식과 토론으로 인해 비판적 사고를 기르는 데 긍정적인 영향을 미치는 것으로 알려져 있다(박효선 외, 2016). 이러한 효과들로 인해 대학에서도 플립러닝을 활발하게 적용하고 있으며, 플립러닝이 수업참여, 학습성취, 학습만족을 향상시킨다는 연구 결과가 나오고 있다(권구경 · 정현미, 2018; 김남익 · 전보애 · 최정임, 2014).

이러한 변화의 흐름에 따라 육군도 기존의 교수자 중심의 학교교육이 부적절하다고 진단하면서(육군 교육사령부, 2013) 육군 학교교육 혁신을 통해 군 교육훈련 방법의 패러다임 전환을 실천하고 있다. 대표적인 예로 육군 학교교육기관에 적용하고 있는 플립러닝을 들 수 있다. 육군에서는 2015년 학교교육 진단을 통해 단편적 훈련 상황, 단순 숙달 위주의 교육 방법이 야전부대의 요구 및 전장 실상과 부합되지 않음을 밝혔다. 또한, 교관 주도의 지식전달 위주 교육이 교육생의 창의력 · 응용력 개발을 제한한다고 분석했다. 이에 따라 학생들이 주도적으로 학습함으로써 주도성과 창의성을 개발하고, 문제해결능력을 배양하는 방향으로 학교교육방법을 개선(육군 교육사령부, 2015)하여 현재까지 시행하고 있다. 개선된 학교교육방법의 핵심은 '학생 중심의 참여형 교육방법'이다. 육군 학교교육에서의 학생 중심의 참여형 교육은 플립러닝 용어와 동일한 개념으로 사용하고 있는데, 기존의 군 관련 선행연구(성형권, 2018; 임철일 외, 2016; 강호택, 2019)에서는 플립러닝을 수업 전 · 중 · 후 3단계로 구분하여 사용했다. 또한, 『육군 학교교육지시』(2020)에서 교실 수업활동으로는 동료교수법 및 동료 피드백 기반의 상호동료교육(Learning & Teaching), 상황위주토의(론)식 교육, 숙달체득식 교육 등을 적용한다고 되어있다.

육군 학교교육에 있어 '학생 중심의 참여형 교육'은 플립러닝을 구현하기 위한 교육방법으로 주목받고 있지만, 교육방법을 적용한 지 수년이 지난 시점에서 새롭게 적용하고 있는 플립러닝에 대해 전문가 진단이 필요하다. 연구를 위한 사전 조사 결과(육군학생군사학교 하계입영훈련 설문 결과, 2020) 교수자는 플립러닝 기반 상호동료교육(Learning & Teaching)이 효과가 있는지 의문이며, 장교후보생 입영훈련 특성상 훈련인원 편성이 과다(학급당 150여 명)하여 수업 참여가 저조하다는 문제점이 식별되었다. 반면, 학습자들은 군사용어가 생소하여 과목을 이해하는 데 어려움을 나타냈다. 이러한 조사 결과는 수업을 설계하고 준비하는 교수자는 물론이고 학습의 주체인 학습자를 위한 교육방법의 개선이 필요함을 시사한다.

육군 학군단 장교후보생 교육과 관련한 선행연구들은 학군장교의 리더십 향상에 관한 연구(김정수, 2016; 김영승, 2015; 이근석 · 이영우, 2006), 초급장교 양성교육제도의 효율적 운영에 관한 연구(성형권, 2018), 플립러닝 기반의 상황위주토의식 수업을 위한 교수전략 개발 연구(박진우 · 임철일, 2016) 등이 있다. 이들 연구는 장교후보생 리더십 함양, 후보생의 효율적 관리, 교수자 역량 개발에 초점을 두고 있어 플립러닝을 적용한 학습성과 연구에서 유의성은 아직 명확하지 않다. 따라서 육군 학군단에 적용하고 있는 플립러닝이 성공적으로 교육현장에서 적용되기 위해서는 플립러닝에 영향을 주는 다양한 변인을 살펴볼 필요가 있다. 이에 본 연구는 플립러닝 변인(사전학습 참여, 동료학습, 모둠화)들이 문제해결능력, 학습성과(학업성취도, 학습몰입)에 미치는 영향을 검증함으로써 기존 연구와 차별화했다.

이 연구는 육군 학군단 플립러닝이 학습성과에 미치는 영향이 어떠한지 설문조사를 통해 살펴보려는 데 그 목적이 있다. 이를 통해 플립러닝 학습성과인 학업성취도와 학습몰입, 문제해결능력이 플립러닝과 어떠한 상관관계가 있는지를 알아보고자 한다.

제2절

연구방법 및 측정도구

1. 연구대상

이 연구는 육군 장교 양성교육 과정에서 플립러닝을 적용한 군사학 수업을 받고 있는 육군 학군단 장교후보생을 대상으로 했다.

예비조사는 측정도구의 신뢰도를 검증하기 위해 충청지역 4년제 대학교의 학군단 남녀 장교후보생 100명을 대상으로 웹 설문방식을 활용했다.

이 조사는 육군학생군사학교에서 입영훈련 중인 전국의 학군단 장교후보생 467명(남학생 367명, 여학생 100명)을 대상으로 방문조사를 실시했다.

2. 연구 절차와 자료분석

이 연구에서는 플립러닝이 학습성과(학업성취도, 학습몰입)에 미치는 영향 분석과 관련된 변인들에 대한 선행연구 검토를 거쳐 연구모형을 개발했다. 모형에 대한 적합성 검증을 위해 자료를 수집하고 통계적 방법을 통해 자료를 분석했다. 구체적인 연구 절차는 다음 〈그림 8-1〉과 같으며 연구모형 개발, 측정도구 개발, 설문조사, 구조방정식 모형 분석 단계로 수행되었다.

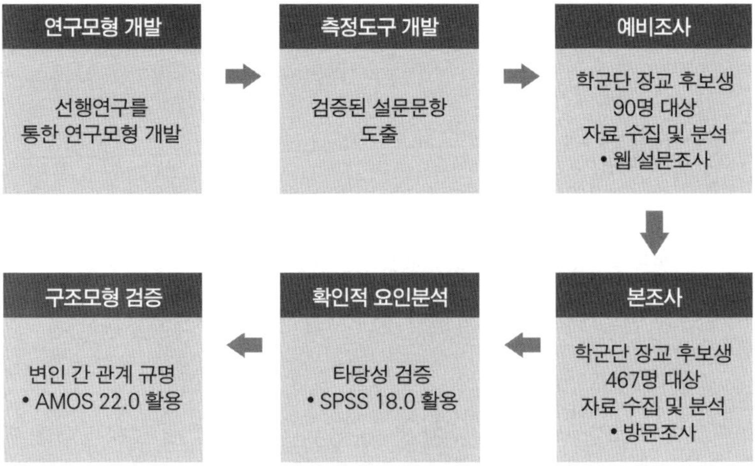

〈그림 8-1〉 연구 절차

연구모형 개발 단계에서는 선행연구 검토를 통해 연구모형을 설정했으며, 연구모형을 토대로 선행연구 검토를 통해 검증된 설문 문항을 도출하여 측정도구(안)를 개발했다. 예비조사 단계에서는 육군 학군단 장교후보생 90명의 자료를 수집하고, 이 중 72명의 자료를 분석하여 플립러닝의 사전학습 참여, 동료학습, 모둠화, 문제해결능력, 학업성취도, 학습몰입 등 측정도구의 신뢰도 및 타당도를 검증하는 절차를 거쳤다. 이후 본 조사에서는 467명을 대상으로 설문조사를 했으며, 이 중 346부를 본 연구 분석에 활용했다.

본조사 결과 수집된 자료는 먼저 SPSS 18.0을 활용하여 빈도분석을 통해 응답자의 일반적 특성을 확인하고, 기술통계 분석을 통해 주요 변인의 수준을 확인했다. 또한, 척도에 대한 신뢰도 분석을 위해 크론바흐(Cronbach's) α값을 확인했다. 이후 잠재변인에 대한 측정변인의 설명력을 파악하기 위해 SPSS 18.0을 활용하여 확인적 요인분석을 실시하여 집중타당성 및 판별타당성을 검증하는 절차를 거쳤다. 집중타당성 검증에는 표준화 λ, 평균분산추출(AVE: Average Variance Extracted) 값, 개념신뢰도(CR: construct reliability) 값을 사용했다. 먼저 표준화 λ는 잠재변수가 관측변수에 미치는 영향으로 집중타당성 확보를 위한 기준으로는 .7 이상이 바람직하며 반드시 .5 이상이어야 한다. 평균분산추출 값은 .5 이상이어야 하는데, 이는 평균분산추출 값이 50% 이상의 설명력을 가져야 한다는 것을 의미하며, 마지막으로 개념신뢰도(CR) 값은 .7 이상이 집중타당성을 확보하는 기준으로 활용된다. 판별타당성 검증을 위해서는 평균분산추출(AVE) 값과 상관계수의 제곱 값을 비교하여 평균분산추출(AVE) 값이 상관계수의 제곱 값에 비해 큰지 확인하는 절차를 거쳤으며, 추가로 표준오차에 2를 곱한 값을 상관계수에 더하거나 뺀 범위에 1이 포함되는지 확인하는 절차를 거쳤다.

이후에는 이 연구의 주요 목적인 가설 검증에 앞서 모형타당성 검증을 실시했다. 구조방정식 모형은 다양한 적합도 지수를 활용하여 모형에 관한 통계적 검증이 가능함에 따라 모형의 신뢰도를 높이게 되는데, 이 연구에서는 수집된 자료와 연구모델이 부합한지 확인할 수 있는 절대 적합도 지수는 CMIN(χ^2/df), RMR, RMSEA, GFI 지수를 활용했으며, 구조방정식 모델과 변수 간 상관을 설정하지 않은 모델(영모델)을 비교하여 얼마나 정확하게 측정했는지를 나타내는 증분적합도 지수는 NFI, IFI, CFI 지수를 활용했다. 마지막으로 변수가 많아질수록 적합도 지수가 올라가는 경우 이를 방지하기 위한 간명복합도 지수는 AGFI를 활용했다. 연구모형의 기본적인 검증을 완료한 이후에는 변수 간 관계 검증을 실시했다.

마지막으로 변수 간 관계 검증을 통한 가설 검증을 위해서는 변수 간의 직접적 영향(direct effect)에 대한 분석과 다른 변수에 의해 매개되어 영향을 미치는 간접적 영향(indirect effect)에 대한 분석을 실시했다. 직접 효과 분석은 가설 1 플립러닝과 학습성과 간 관계, 가설 2 플립러닝과 문제해결능력 간 관계, 가설 3 문제해결능력과 학습성과 간 관계를 검증하기 위해 이루어졌다. 간접 효과 분석은 가설 4 문제해결능력의 매개효과를 검증하기 위해 이루어졌으며, 가설 검정을 위해서는 직접효과, 간접효과, 총효과를 산출했고 간접효과의 통계적 유의성 검증을 위해 부트스트래핑(bootstrapping)을 실시했다.

3. 측정도구

1) 사전학습 참여 측정도구

사전학습 참여는 학습자들이 교실 수업에 들어오기 전 교수자의 동영상 강의를 개별학습할 때 행동적 · 인지적으로 참여한 정도다.

사전학습 참여 측정도구는 리브(2013)가 개발하고 권규경(2017)이 사용한 검사도구를 수정 · 보완하여 행동적 참여도 4문항 및 인지적 참여도 2문항 등 총 6문항을 설문 문항으로 구성했다. 사전학습 참여 측정도구 원척도의 크론바흐 α값은 .870이고, 이 연구에 사용된 척도의 크론바흐 α값은 .893으로 비교적 높은 신뢰도를 보이고 있었으며, 사전학습 참여 측정도구 문항 구성은 다음 〈표 8-1〉과 같다.

〈표 8-1〉 사전학습 참여 측정도구

하위 변인	문항내용	크론바흐 α
행동적 참여도	1. 나는 CBT 동영상 학습에 주의를 집중했다.	0.893
	2. 나는 CBT 동영상 학습을 잘하려고 노력했다.	
	3. 나는 CBT 동영상 학습에서 내가 할 수 있는 최선을 다했다.	
	4. 나는 CBT 동영상 학습활동에 적극적으로 참여했다.	
인지적 참여도	5. 나는 CBT 동영상을 학습할 때, 다양한 생각을 통합하여 이해하려고 노력했다.	
	6. 나는 CBT 동영상을 학습할 때, 학습하는 내용을 이미 알고 있는 것과 관련시키려고 노력했다.	

2) 동료학습 측정도구

동료학습은 동료들끼리 서로 가르치고 배우는 교수-학습 방법으로, 학습자 상호 간 동료교수자의 역할과 동료학습자의 역할을 분담해 가며 수행하는 학습방법을 말한다. 이 연구에서는 플립러닝의 학습자인 장교후보생이 동료학습과정에서 교수자 · 학습자의 역할에 대한 경험을 측정하기 위해 김민정과 김효선(2007), 박중길(2012) 연구에서 활용된 측정항목을 이 연구목적에 맞게 수정하여 사용했으며, 최종적으로 플립러닝의 동료학습에 대해 학습자가 지각하는 동료학습자로서의 유익함, 효과성, 이해, 즐거움의 4개 문항을 설문 문항으로 구성했다. 동료학습 원척도의 크론바흐 α값은 .922이고, 이 연구에 사용된 척도의 크론바흐 α값은 .864로 비교적 높은 신뢰도를 보이고 있었으며, 동료학습 측정도구 문항 구성은 다음 〈표 8-2〉와 같다.

〈표 8-2〉 동료학습 측정도구

하위변인	문항내용	크론바흐 α
유익함	1. 플립러닝에서 동기생이 가르쳐주는 것은 유익하다.	0.864
효과성	2. 플립러닝에서 동기생이 가르쳐주는 것은 효과적이다.	
이해	3. 플립러닝에서 동기생이 가르쳐주는 것은 이해하기 쉽다.	
즐거움	4. 플립러닝에서 동기생을 가르쳐주는 것은 즐겁다.	

3) 모둠화 측정도구

모둠화는 모둠의 구성과 운영을 위해 이를 계획하고 실행하는 교수자의 전문성으로 정의하고, 이를 측정하기 위해 백순근 외(2007), 진성희(2010) 연구에서 활용된 교수역량에 대한 측정문항을 이 연구의 목적에 부합하도록 수정했다. 이에 모둠별 질문에 대한 관심, 지도(피드백), 모둠 중시, 모둠 활성화의 4개 문항을 설문 문항으로 구성했다. 모둠화 원척도의 크론바흐 α값은 .847이고, 이 연구에 사용된 척도의 크론바흐 α값은 .861로 비교적 높은 신뢰도를 보이고 있었으며, 모둠화 측정도구 문항 구성은 다음 〈표 8-3〉과 같다.

〈표 8-3〉 모둠화 측정도구

하위변인	문항내용	크론바흐 α
관심	1. 플립러닝에서 교관(훈육관)은 조별 토의 질문(의견)에 관심을 기울인다.	0.861
지도	2. 플립러닝에서 교관(훈육관)은 조별 토의에 세심한 지도(피드백)를 한다.	
모둠 중시	3. 플립러닝에서 교관(훈육관)은 조별 토의를 중시(존중)한다.	
모둠 활성화	4. 플립러닝에서 교관(훈육관)은 조별 토의 활동을 활성화시킨다.	

4) 학업성취도 측정도구

학업성취도는 학교 교육과정에서 습득한 학습성과, 학습자신감, 학습태도 등 학습자가 인식하는 성취와 변화 정도를 의미하며, 학습성과, 학습 자신감, 학습태도, 학습매체 활용 등을 측정하는 데 초점을 두고 설문을 구성했다.

학업성취도 측정도구는 이항녕(2010), 이희숙(2015)이 연구한 측정도구를 수정 · 보완하여 측정도구의 문항 수는 4개로 구성했다. 학업성취도 원척도의 크론바흐 α값은 .858이고, 이 연구에 사용된 척도의 크론바흐 α값은 .763으로 비교적 높은 신뢰도를 보이고 있었으며, 학업성

〈표 8-4〉 학업성취도 측정도구

하위변인	문항내용	크론바흐 α
학습성과	1. 나는 플립러닝을 한 이후 이 교과목의 실력이 향상되었다.	0.763
학습자신감	2. 나는 플립러닝을 한 이후 이 교과목에서 자신감이 생겼다.	
학습태도	3. 나는 플립러닝을 하며 스스로 공부하게 되었다.	
학습매체 활용	4. 나는 플립러닝을 한 이후 이전보다 컴퓨터나 스마트폰을 학습에 잘 활용하게 되었다.	

취도 측정도구 문항 구성은 위의 〈표 8-4〉와 같다.

5) 학습몰입 측정도구

학습몰입은 학습시간의 증대, 학습에 대한 주의집중, 성취해내고자 하는 노력과 끈기 및 수업의 참여도가 증가한 상태 등 학습과정에 완전히 몰두하는 경험을 의미한다.

학습몰입 측정도구는 김종숙(2007)이 연구한 측정도구를 수정 · 보완하여 재구성했고, 측정도구의 문항 수는 5개로 구성했다. 학습몰입 원척도의 크론바흐 α값은 .858이고, 이 연구에 사용된 척도의 크론바흐 α값은 .864로 비교적 높은 신뢰도를 보이고 있었으며, 학습몰입 측정도구 문항 구성은 다음 〈표 8-5〉와 같다.

〈표 8-5〉 학습몰입 측정도구

하위변인	문항내용	크론바흐 α
학습시간의 증대	1. 나는 플립러닝을 통해 공부하는 학습시간량이 증대되었다.	0.864
학습 주의집중	2. 나는 플립러닝을 통해 수업시간에 주의집중을 잘할 수 있게 되었다.	
성취노력	3. 나는 플립러닝을 통해 공부 계획을 세우고, 계획된 것을 끝까지 성취해내고자 하는 노력이 생겼다.	
끈기	4. 나는 플립러닝을 통해 모르는 것이 있으면 알 때까지 반복해서 노력하는 끈기가 생겼다.	
수업참여도 증가	5. 나는 플립러닝을 통해 수업 참여도가 증가했다.	

6) 문제해결능력 측정도구

문제해결능력은 목표를 어느 정도 달성했는지를 나타내는 지표로,

이 연구에서의 문제해결능력은 상황에 직면했을 때 개방적인 사고와 올바른 판단으로 최적의 대안을 평가 및 결정하여 조치하는 것으로 정의한다. 이는 장교후보생들이 상황 발생 시 얼마나 개방적인 사고로 판

〈표 8-6〉 문제해결능력 측정도구

하위변인	문항내용	크론바흐 α
개방적 사고	1. 나는 플립러닝 이후 어려운 문제에 부딪히면 새롭고 독특한 아이디어를 수용하려 한다.	0.929
	2. 나는 플립러닝 이후 다른 사람들이 쉽게 놓치는 사물의 연관성을 찾아내는 데 익숙한 편이다.	
	3. 나는 플립러닝 이후 사람들이 반응하고 사고하는 방식을 미리 추측하는 편이다.	
	4. 나는 플립러닝 이후 기회가 오면 기존의 패러다임에 도전하는 것을 두려워하지 않는다.	
	5. 나는 플립러닝 이후 여러 가지 아이디어를 갖고 있는 일정한 패턴을 비교적 쉽게 찾아낸다.	
인식 및 판단	6. 나는 플립러닝 수업 이후 사물의 사실, 견해, 추론 및 해석을 분별할 수 있다.	
	7. 나는 플립러닝 이후 내가 가지고 있는 견해에 선입견과 편견이 없어졌다.	
	8. 나는 플립러닝 이후 문제에 부딪히면 지적으로 독자적인 판단을 내릴 수 있다.	
	9. 나는 플립러닝 이후 의문 있는 가정과 모순을 찾아내는 데 능숙해졌다.	
	10. 나는 플립러닝 이후 상대방이 논리적으로 주장하는지를 판단할 수 있다.	
대안평가 및 결정	11. 나는 플립러닝 이후 확실한 증거를 바탕으로 업무를 수행한다.	
	12. 나는 플립러닝 이후 다양한 관점을 찾아서 비교하는 편이다.	
	13. 나는 플립러닝 이후 여러 가지 대안의 가치를 심도 있게 살펴보는 것을 선호한다.	
	14. 나는 플립러닝 이후 대안행동을 적절하게 평가해볼 가치가 있다고 생각했다.	
	15. 나는 플립러닝 이후 실효성 있는 평가를 통해 문제해결을 위한 올바른 의사결정을 내린다.	

단하고 적절한 대응을 했는지의 의미를 가지고 있다.

문제해결능력 측정도구는 박재진(2013)이 개발하고 연구한 검사 도구를 수정 · 보완하여 개방적 사고, 인식 및 판단, 대안평가 및 결정의 3개 항목을 설문 문항으로 구성했다. 문제해결능력 원척도의 크론바흐 α값은 .870이고, 본 연구에 사용된 척도의 크론바흐 α값은 .929로 비교적 높은 신뢰도를 보이고 있었으며, 문제해결능력 측정도구 문항 구성은 위의 〈표 8-6〉과 같다.

제3절

연구 결과

이 연구의 목적은 육군 학군단 플립러닝이 학습성과에 미치는 영향 관계를 분석하고 플립러닝의 효과적인 적용에 관한 정책 대안을 제시하는 데 있다. 이를 위해 육군 학군단 장교후보생 설문자료를 활용하여 플립러닝이 학습성과에 미치는 영향 관계를 구조방정식 모형으로 확인했다. 또한, 육군 학군단 플립러닝 수업사례를 분석하고 육군본부 및 학생군사학교, 학군단의 학교교육 전문가 집단 토의(FGI)를 거쳐 교수학습모형을 제시했다. 연구 결과를 요약하면 다음과 같다.

첫째, 플립러닝(사전학습, 동료학습, 모둠화)과 학습성과(학업성취, 학습몰입) 간의 영향을 살펴보면 사전학습, 모둠화는 학습성과에 직접적인 영향을 미치는 것으로 나타났다. 다만, 동료학습은 학업성취에 영향을 미치지 않는 것으로 확인되었다. 이는 플립러닝의 동료학습이 학업성취에 영향을 미친다는 선행연구(허희옥, 2004; 이승희 · 최선영, 2012)의 결과와 차이가 있는 것으로 나타났다. 이러한 결과는 육군 학군단 양성교육에서 동료학습이 제한된 교육시간 내에 많은 인원이 학급에 편성되어 학습효과가 제한되는 것으로 나타났다.

둘째, 플립러닝의 구성요소 중 사전학습 참여, 모둠화는 문제해결능력에 유의미한 영향을 미치는 것으로 나타났다. 이는 사전학습이 문제해결능력에 효과가 있다는 선행연구(Lee & Park, 2018)와 일치한다.

셋째, 문제해결능력과 학습성과의 관계에서 문제해결능력은 학업성취와 학습몰입에 직접적인 영향을 미치는 것으로 나타났다. 이는 문제해결능력이 조직의 성과(조경식 · 이양수, 2008), 학업성취(허균, 2005) 등에 영향을 미친다는 선행연구와 일치한다.

넷째, 문제해결능력이 플립러닝과 학습성과의 관계에서 영향을 살펴보면 문제해결능력은 사전학습 참여, 동료학습, 모둠화와 학업성취 관계에서 간접효과를 미치는 것으로 나타났다. 또한, 사전학습 참여, 동료학습, 모둠화와 학습몰입 간의 관계에서도 간접효과를 미치는 것으로 나타나 선행연구들의 결과를 지지했다.

다섯째, 이 연구에서 연구모형과 가설검증 결과 연구모형의 적합도는 NFI와 GFI 값이 0.9 이상이거나 근접한 값으로 매우 만족할 만한 수준이었다. 검증 결과 플립러닝 학습성과에 미치는 영향요인은 사전학습 참여, 모둠화, 문제해결능력 변인이 직간접적인 영향을 미치는 것으로 나타났다.

여섯째, 육군 학군단 플립러닝 학습방법 개선을 위한 장교후보생의 플립러닝 인식에 대한 설문조사와 교수학습모형 개발을 위한 학교교육 전문가 토의(FGI: Focus Group Interview) 결과 의미 있는 정책 대안을 도출했다.

먼저 플립러닝을 적용한 수업 인식 면에서 사전학습은 학습내용

이해, 학습동기, 자기주도 학습능력에 긍정적이고 교육시간을 단축시키는 데 긍정적이라는 의견이 있다. 다만 자기주도성이 부족한 경우 집중력이 저하될 수 있으며, CBT 동영상 이용이 학습에 효과적이기는 하나, 본교육보다 지나치게 세부적인 내용으로 구성되어 학습효과를 저해한다는 의견도 제기되었다. 동료학습은 창의적 문제해결능력, 사고력 향상에 도움이 되며, 동료 간 이해를 도모하고 관계를 향상시키는 데도 긍정적인 것으로 나타났다. 그러나 시간적 제한, 교수자 지도의 한계, 일부 학생의 참여, 동료학습 장소 부족 등은 문제로 제기되었다. 마지막으로 모둠학습은 타인에 대한 이해와 배려심 증진, 내용에 대한 다양한 관점에서의 이해 등에서 긍정적인 것으로 나타났다. 다만 모둠 구성인원이 다소 많음에 따른 학습효과 결여, 학습자 개인수준에 따른 학습효과 차이 발생, 교수자의 모둠학습 운영 지원상 어려움은 문제점으로 나타났다.

다음으로 교수학습모형과 관련해서는 현재 학군단 플립러닝을 위한 진행 절차는 작성되어 있지만, 효과적인 학습방향 제시를 위해서는 구성주의 관점의 학습자 중심의 교수설계가 필요하다. 이에 최정빈과 김은경(2015)이 개발한 'PARTNER 모형'[4]의 7단계를 학군단 플립러닝에 적합하게 수정한 'DePATuRe' 모형을 제안했으며, 육군 학군단의 플립러닝 수업 시 활용한다면 교수활동에 있어 창의적인 아이디어와 논리적 체계성과 합리성을 갖출 것으로 기대된다.

---

4 PARTNER 모형은 사전단계(Preparation), 사전학습평가(Assessment), 사전학습연계(Relevance), 발표 및 토론학습(Team Activity), 핵심요약 강의(Nub Lecture), 평가(Evaluation), 사후성찰(Reflection)의 7단계로 구성되며, 각 단계의 영문 첫 글자를 조합하여 'PARTNER' 모형이라고 이름을 붙였으며, 이는 학습자 중심의 교수설계임을 고려하여 교수자는 학습자와 수직관계가 아닌 학습자의 변화와 성장을 돕는 수평적 관계의 '파트너'라는 의미로 재해석했다.

제4절

학술적 함의 및 시사점

최근 많은 조직에서 환경변화를 극복하기 위해 학습조직과 학습방법에 주목한 것처럼 육군에서도 환경변화에 대응하기 위한 방안으로 학습조직에 눈을 돌리고 있다. 그동안은 초급장교 양성교육제도의 운영방안이나 장교후보생의 리더십 향상 방안 등 주로 교육과정이나 간부 역량 분야의 다양한 연구가 수행되었다. 이와 더불어 2014년 이후 장교후보생에게 플립러닝을 적용한 학습방법이 시행되었으나 그 성과에 관한 논의는 부족했다.

연구 결과 학술적 함의는 다음과 같다.

첫째, 육군 학군단에서 플립러닝을 적용한 군사학 수업이 학습성과(학업성취도와 학습몰입)에 긍정적인 영향을 미치고 있음을 통계적으로 확인했다. 다만, 장교후보생의 플립러닝에서 동료학습은 상대적으로 학습성과에 영향을 덜 미치고 있는 것을 구조적 관계모형 속에서 검증했다. 이는 군 관련 용어 등 선수지식이 부족한 장교후보생에게 교관의 충분한 강의와 설명이 이루어지지 않은 상태에서 교육이 이루어졌을 때 학습성과와 연결이 되지 않는다는 것으로 판단된다.

듀이(Dewey, 1933)는 "구성주의적 관점에서 모든 인간은 성장에 대한 무한한 잠재성을 지녔고, 이러한 성장을 돕기 위해 교사는 학습과정을 통제하는 것이 아니라 안내하는 역할을 수행한다"라고 했다. FGI 결과에 의하면 사전학습을 통해 대부분 후보생의 자기주도학습 능력이 향상되었으나 일부 자기주도성이 부족한 경우 오히려 집중력이 떨어진다고 했다. 군 조직 구성원의 학습은 그 목적과 이루어지는 시간이 정과교육인 교육훈련과 상이하다. 특히, 학군 장교후보생인 경우는 학습하려는 의도를 가진 인원만이 학습할 수 있다. 또한, 학습 시간도 일부 대학에서는 별도의 요일을 지정해주고 있으나 그렇지 못한 대학에서는 전공과목 수업으로 군사학 수업이 제한되는 경우가 많다. 따라서 학군 장교후보생의 플립러닝 학습에서 동료학습은 다른 연구에서 사용된 환경과 학습과정을 주도적으로 통제하는 개념을 사용하기 힘들다고 본다. 따라서 학군단 교육에서는 학군단의 학습여건 등을 반영하여 자기주도학습을 학습자뿐만 아니라 동료들이 학습에 대한 열정을 가지고 학습을 주도적으로 이끌어나가면서 자신의 학습 결과에 대한 책임을 지도록 유도해야 한다.

둘째, 문제해결능력이 플립러닝과 학습성과의 관계에서 긍정적인 영향을 미치고 있음을 연구를 통해 검증했다. 한국교육개발원(2003)의 연구에 의하면 발전형 군 조직 구성원의 지위별 능력에서 장교는 군사적 전문성과 문제해결력, 의사소통능력, 글로벌화 능력, 윤리의식을 구성요소로 꼽았다. 이후 최광표 외(2011)의 초급장교 역량모델에서는 리더십, 대인관계, 신체능력, 문제해결 및 실행, 복무자세, 군 전문지식 및 기술을 제시했다. 또한, 야전교범 7-0 교육훈련(2016)에는 교리를 기초로 원칙과 준칙을 교육하고 이를 토대로 복합 상황을 구성하여 주도적 · 창의적으로 문제를 해결하는 능력을 구비해야 한다고 했다. 이와 같이 육군은 학교교육 혁신을 통해 간부들의 문제해결능력 향상을 지속적으로 강조하고 있다.

그러나 이를 검증하고자 하는 노력은 소홀한 면이 있다. 따라서 이번 연구를 계기로 학교교육을 통해 간부들에게 요구되는 역량도 재정립할 필요가 있다. 학군장교 후보생들이 개인수준의 전문성 신장 및 자기주도적 학습 기회가 보장된다면 군 조직의 요구와 개인의 욕구가 융합되어 몰입도가 증가한다는 점을 확인했다. 따라서 초급간부로서 직무전문지식은 기본역량을 겸비한 가운데 문제해결능력을 갖출 수 있는 교육체계를 통해 달성해나가는 것이 효율적일 것으로 판단된다. 셋째, 육군 학군단 플립러닝 학습효과 증진을 위해 교수학습모형을 제시했다. 육군 학생군사학교 학교교육계획(2020)에는 학습 진행 절차 위주로 명시되어 학군단에 처음 근무하는 간부들이 플립러닝에 대한 이해가 낮아 교수설계를 소홀히 하는 사례가 있었다. 이러한 문제점을 개선하기 위해 학교교육 전문가 토의를 통해 학군단의 여건에 맞는 교수학습모형을 개발하여 제시함으로써 육군 학군단 학습방법 발전에 기여했다고 볼 수 있다.

통상 군에서는 일반적인 교육과정의 절차인 교육계획, 준비, 실시, 평가 순으로 준비하고 있다. 그러나 이러한 절차는 교육계획의 수립과 준비과정이 구체화되어 있지 않아서 교관의 경험에 의존하거나 주먹구구식으로 진행할 수밖에 없으며, 교육준비가 체계화되어 있지 못하다 보니 그 성과도 담보하기 어려운 지경이다(고성진 외, 2016). 따라서 이번

연구 결과를 토대로 체계화된 절차와 지침으로 교수학습모형은 의미가 있다고 하겠다. 또한, 현장 전문가의 타당도 검사에서 제시한 수업준비단계의 교육보조재료 준비나 사전학습지도 등의 요구를 추가 반영한 구체적인 모델을 실제 적용하여 실증적 평가가 필요하다고 본다.

지금까지의 분석 결과를 토대로 앞으로 플립러닝이 육군 학군단 장교후보생의 학습성과를 높이고, 나아가 우리 군의 학교교육 발전을 위한 정책적 시사점은 다음과 같다.

첫째, 육군 학군단 장교양성교육의 모든 과목에 플립러닝 교육방법을 적용하는 것은 보완할 필요가 있다. 모든 과목에 대해 획일적으로 플립러닝 교육방법을 적용할 것이 아니라 행동화 숙달이 필요한 학생군사학교 입영훈련에서는 도제식 훈련을 적용하고, 지식 · 가치 · 태도 함양을 목표로 하는 교내교육에서는 플립러닝 교육방법을 적용하되 토의 및 토론, 발표를 통해 지식 형성이 필요한 과목을 선택하여 적용해야 한다는 것이다.

군 관련 지식이나 경험이 없는 일반인들을 군인화하기 위해서는 기본원칙과 원리를 이해시키고 행동화를 숙달해야 한다. 이와 같이 육군 학군단 장교 양성교육과정에서도 장교후보생들이 처음으로 접하게 되는 군사학 과목의 성격을 고려해서 체계적인 교육방법 적용이 바람직할 것이다.

국방부와 육군본부 등의 정책기관에서는 육군학생군사학교가 전문적인 양성교육 조직으로서 최대한의 자율성을 부여하고, 교육방법 적용의 융통성을 주어야 한다.

둘째, 장교후보생의 플립러닝 사전학습(선행학습)에 대한 학습자의 접근성 강화를 위한 노력이 요구된다. 왜냐하면 학습자의 접속 횟

수와 접속 시간은 사전학습의 효과성에 영향을 미치는 주요 변인임이 밝혀졌기 때문이다. 따라서 사전학습 시 각 학군단이나 육군학생군사학교에서 충분한 학습시간과 접속 기회를 제공하는 것이 인지된 학습효과에 긍정적인 인식을 키울 수 있을 것으로 생각되나 장교후보생들이 충분히 컴퓨터를 이용하여 수업에 참여하는 데는 다소 어려울 수 있으므로 장교후보생들이 사전학습을 원활하게 하기 위한 지원이 필요하다. 내안으로 고려할 수 있는 것이 국방부에서 추진하고 있는 M-MOOC(Military Massive Open Online Course)[5]이지만, 이는 현역 간부를 대상으로 인트라넷 기반에서 시행되는 것으로 장교후보생들이 활용하는 데는 어려움이 있다. 따라서 육군 110개 학군단 장교후보생들만이 인터넷 기반에서 활용할 수 있는 교육 테크놀로지 환경 개선에 노력을 기울여야 한다.

셋째, 장교후보생 교육방법은 현실적인 여건과 교육효과를 고려해야 한다. 상급부대에서는 "수업 중 핵심강의를 지양하라"라고 하지만, 교육현장에서 교관과 교육생은 핵심강의의 필요성을 말한다. 생소하거나 어려운 과제인 경우 교육생은 동료학습을 적용하기를 많이 힘들어하고 있다. 과제의 특성에 따라 핵심강의를 적절히 실시할 필요성이 있다. 또한, 교육효과의 최적화를 위해 동료학습은 학군단 교내교육에 선별적으로 적용하되, 조별 한정된 발표자를 미리 지정하여 토의와 연계하여 시행하는 방법으로 개선되어야 한다. 동료학습이 본래 취지와는 다르게 과목평가의 수단으로 변질되어 적용되고 있어 학생군사학교의 입영훈련 교육방법의 보완이 필요하다. 그리고 상황위주토의(론)식 교

5 군사교육(Military Education)을 수강인원의 제한 없이(Massive) 모든 사람이 수강하는(Open) 웹 기반(Online)으로 구성된 강좌(Course)다.

육은 군 관련 경험과 지식이 부족한 장교후보생들이 스스로 학습하도록 하는 것보다는 교관이 더욱 적극적으로 개입과 지도를 함께함으로써 지시적 수업과 비지시적 수업을 병행할 필요가 있다.

넷째, 동료학습을 적용한 수업의 양상을 이해하는 것이 필요하다. 교육의 효과를 높이기 위한 조 편성을 위해 고려해야 할 요소는 가용시간, 적용과목, 학업성취수준 등이다. 특히, 육군 학군단 장교후보생은 제한된 교육시간 내에 많은 인원이 학급에 편성되어 동료학습을 구현하는 데 제한되는 점이 많다. 이러한 학습효과의 긍정적인 인식과 선행연구자들의 연구에서 동료학습이 학업성취에 정적인 영향을 미친다는 연구와 달리 본 논문에서 가설 검증 결과 플립러닝의 동료학습이 학업성취도에 영향을 미치지 않는 것으로 나타났다. 이는 학군장교 양성교육에서 다루어야 할 과목 수는 많고, 과목에 배정된 시간은 매우 한정되어 있기 때문이다. 이와 같이 시간이 부족한 상태에서 상호동료교육을 개인별로 순환하는 것은 현실적으로 어려움이 따른다. 이러한 시간 사용의 문제 때문에 상호동료교육은 실제로 평가 수단으로 변형되어 적용되고 있다. 이와 같은 평가 수단으로 변질된 상호동료교육(동료학습)의 개선방안으로는 조별 자유토론이 되도록 교관의 밀착지도와 다양한 상황부여로 사고가 고착되지 않도록 창의적인 '안'을 유도하고, 토의 및 실습시간의 비율을 높여야 한다. 또한, 평가방법도 평가를 받기 위해 이해보다는 무조건 외워서 실습에 참여하는 것을 지양하고 관찰식 평가를 적용하며, 시간 가용 시 잘못된 정보를 잡아주는 활동(피드백)이 필요하다.

다섯째, 장교후보생의 플립러닝을 위한 교수학습모형 개발이 필요하다. 현재 육군 학군단의 교수학습모형은 미흡하며 육군학생군사학교의 학교교육계획(2020)에는 교육진행 절차만 안내하고 있어 학군단 교관들이 교체 시 이를 적용하는 데 어려움을 호소했다. 따라서 학군단의 장교양성교육 과정에서 이들이 가지고 있는 여건과 특성을 고려한 교수학습모형에 대한 정립이 필요하다.

제9장

플립러닝 교수학습모형(DePATuRe) 개발

개요

이 장에서는 교육을 준비하는 교수자의 핵심 역할 중 하나인 교수학습모형에 대해 다룬다. 먼저 교수학습모형은 교수체제개발 ISD(모형) 중 일반화된 ADDIE 모형을 기초로 교수설계 절차에 대해 정리하고, 군 학교교육에 적용하기 위해 개발한 DePATuRe 교수학습모형에 대해 살펴본다. 제1절에서는 교수학습모형의 개념을 이해하고, 제2절에서는 교수설계 절차를 살펴보며, 제3절에서는 플립러닝 DePATuRe 모형의 개발에 대해 고찰했다.

학습내용

제1절

교수학습모형

1. 교수설계의 개념

수업을 앞두고 교육을 준비하고 있다면 제일 먼저 해야 할 일은 어떤 내용으로 어떻게 진행할 것인지를 구상하고 그에 따른 교수계획을 수립하는 것이다. 만일 교육에 앞서 교수자가 교수계획을 하지 않는다면, 이것은 부대를 지휘하는 지휘관이 작전계획 없이 전투에 임하는 것과 마찬가지 상황일 것이다. 따라서 집을 지을 때 설계를 잘해야만 좋은 집을 지을 수 있듯이, 세밀하고 철저한 교수설계를 하는 것은 매우 중요하다.

교수설계란 "학습해야 할 교육내용을 어떻게 실제 교육에 옮기는가에 대한 계획"이다. 다시 말해 학습 실패를 예방하기 위한 사전계획 활동이며 교육목표, 내용, 방법, 활동, 시간, 장소, 교보재 등 교육과 관련된 제 요소를 체계적으로 통합하고 조직하는 수단이라 할 수 있다.

따라서 교수자가 성실하게 교수설계를 한다면, 훌륭한 교육 진행과 아울러 학습자의 학습성과를 최대한 높일 수 있을 것이다(나승일, 2009).

일반적으로 '설계'라는 말은 우리가 무엇을 개발한다든가 특정한 문제를 해결하기 위해 어떤 계획을 수행하기에 앞서 체계적인 계획을 세우는 과정을 의미한다. 따라서 교수설계를 할 때는 성공적인 수업에 영향을 미칠 수 있는 제반 요소를 고려해야 한다.

교수설계에서는 창의성 또한 매우 중요하다. 교수설계의 초보자는 설계하는 일이 단순노동일 뿐이라는 인상을 갖기도 하지만, 사실은 그렇지 않다. 건축물의 설계가 창의성이나 상상력을 필요로 하듯이 교수계획 수립자는 수업이 고무적으로 오랜 시간 기억될 수 있도록 상상력과 독창성을 발휘해야 한다.

교수설계는 기대되는 학습성과를 달성하기 위해 최적의 수업과정을 처방하는 데 관심이 있는 분야다. 교육이란 아직 미성숙한 학생들을 교육 프로그램을 통해 어떤 바람직한 인간으로 성장하도록 안내하고 도와주는 과정이다. 그렇기 때문에 수업은 시행착오적 과정으로 계획되어서는 안 된다. 교수설계는 교수활동에 대한 창의적인 아이디어를 갖추고 있어야 하며, 실현 가능성이 있는 프로그램을 개발해야 하고, 프로그램 계획에서 논리적인 체계성과 합리성을 갖추어야 한다.

이렇듯, 교수설계는 수업의 효과를 증진시킬 수 있는 최적의 교수방법을 만들기 위한 조직적인 절차다. 좀 더 넓게는 교수의 분석, 설계, 개발, 실행 그리고 평가의 단계가 포함된 조직적인 절차로 정의하기도 한다. 결국 교수설계는 '가르치는 과정'을 최적화하기 위한 활동이다. 또한, 교수설계는 특정 학습내용과 학습자가 주어졌을 때 학습자에게서 기대하는 변화를 일으킬 수 있는 최적의 교수방법이 무엇인가를 결정해나가는 과정이다. 그러므로 교수설계는 사람들이 배우고 발달할 수 있도록 더 잘 도와주는 방법에 대해 명백한 지침을 제공한다.

2. 교수설계 관점 비교[6]

교육이 성공적으로 이루어지려면 수업 절차에 따른 교수설계가 우선되어야 한다. 대부분의 성공적인 수업은 치밀한 계획하에 이루어진다. 교수설계는 수업의 전 과정을 이해하고 개선하는 데 목적을 둔다. 교수자는 학습자가 기대하는 학습성과를 도출하기 위해 최적의 수업과정을 처방하는 데 관심을 기울여야 한다. 최적의 수업과정을 처방한다는 말은 수업이 시행착오 과정으로 계획되어서는 안 된다는 뜻이다. 그래서 교수자는 교수활동에 대한 창의적인 아이디어와 논리적인 체계성과 합리성을 고루 갖추어야 한다.

교수설계에 대한 접근방식은 크게 교수자 중심 접근방식과 학습자 중심 접근방식으로 나뉜다. 이를 다시 교수설계 관점으로 해석한다면 객관주의적 관점과 구성주의적 관점으로 나뉜다. 먼저 교수자 중심 접근방식은 전통적인 교육방법으로, 다수의 학습집단을 대상으로 하는 학습체제이며 일반적으로 교수자의 주도하에 강의식 수업이 운영된다. 반면, 학습자 중심 접근방식은 교수자가 학생들에게 일방적으로 지식을 전달하는 과거의 주입식 교육방법에서 벗어나 학습자들의 학습능력에 초점을 맞춘 학습체제로, 협동학습이 대표적이다.

---

6 최정빈(2018), 『플립드러닝 교수설계와 수업전략』, 70-75쪽에서 재구성.

최근 교수설계 분야는 전통적인 교수자 중심의 접근방식에서 학습자 중심의 접근방식으로 바뀌고 있다. 그 이유는 21세기 창의 · 융합 인재를 양성해야 하는 교육의 역할을 고려해볼 때 교수자가 일방적으로 학습자에게 교육과정에 담긴 학습내용을 전달하는 방식은 한계가 따르기 때문이다. 그래서 학습자 스스로 지식을 형성해나가며 창의적으로 문제를 해결할 수 있는 능동적인 학습형태를 더 선호한다.

1) 객관주의 관점

객관주의자들은 지식이 학습자와 별도로 존재한다고 믿는다. 따라서 교수자는 학습자에게 지식을 옮기는 데 초점을 둔다. 결국 '가르친다'는 것은 지식을 질서정연한 방식으로 학습자에게 전달 · 제공하는 것을 뜻한다. 이러한 객관주의적 관점은 교수자 중심 접근방식으로 이해할 수 있으며, 실제 교육현장에서 가장 보편적으로 활용되는 형태로 교육적 효과성과 효율성이 높다는 장점이 있다. 특히, 우리나라 같은 입시 위주의 교육환경에서는 교수학습과정을 산만하게 운영할만한 시간적 여유가 없다, 따라서 교수자가 설정한 학습진도를 정해진 시간 안에 완수하기 위해서는 교수자가 학생들에게 학습 내용을 정해진 시간 안에 전달하는 교수자 중심 접근방식의 교수설계 체계가 적절하다.

반면, 단점도 있다. 먼저, 학생들은 교수자의 능력과 기술에 지나치게 의존할 수밖에 없다. 그런데 이러한 단점은 완전학습에 치명적일 수 있다. 다수의 집단을 대상으로 한 명의 교수자가 자신의 교수능력을 충분히 발휘할 수 없는 경우가 발생하기 때문이다. 또한, 교수자가 교육역량이 부족할 경우 다양한 유형의 학습자들을 일괄적으로 지도하는 데 문제가 발생할 수 있다.

둘째, 교수자 중심 접근방식은 지나치게 주입식 교육을 강조하여 학생들에게 지식을 일방적으로 전달하므로 학습자들에게 스스로 주어진 과제를 탐구할 기회를 제공하지 못한다. 시대가 원하는 창의 · 융합형 인재상을 고려해본다면 학생 스스로 지식을 탐구하고 새롭게 구성하여 깨닫게 하는 학습자 중심 교수활동이 운영되는 것이 바람직하다. 그러나 지금까지의 설명에 근거하여 무조건적 객관주의 관점이 구성주의 관점보다 비효과적이라고 말할 수는 없다.

교수설계에서 가장 중요한 것은 수업내용에 따른 적절한 교수설계방식을 선택하는 것이다. 그래서 교수자는 전문적 교수설계에 대한 이해를 기반으로 적절한 교수설계과정을 채택해야 한다.

2) 구성주의 관점

최근 교수-학습 분야에서 구성주의 관점이 강조되면서 구성주의를 수업설계에 반영하는 대안적 교수설계모형에 대한 논의가 활발히 진행되고 있다. 구성주의자들이 바라본 지식은 객관적으로 존재하는 것이 아니라 학습자들의 경험으로부터 구성되는 것이라고 설명한다. 그래서 구성주의 관점에서 바라본 교수설계는 학습자 중심 접근방식으로 이해할 수 있다. 교수자 중심 접근방식과 대비되는 학습자 중심 접근방식에서 드러난 가장 큰 특징은 교수자의 역할에 관한 것이다.

교수자 중심 접근방식에서 교수자의 역할은 수업을 주도적으로 이끌어가는 통제자다. 반면 학습자 중심 접근방식에서의 교수자 역할은 학생들이 수행할 학습활동을 안내하고, 동시에 그들이 학습하는 동안 어려움이 발생할 때 스스로 문제를 해결할 수 있도록 상담과 조언을 해야 한다. 이와 맥락을 함께하여 학생 위주 교수-학습 활동에 중점을 둔 구성주의 학습체제를 구현하려면 몇 가지 조건이 필요하다. 학습자 중심 접근방식 자체가 학생 스스로 자신의 학습진도를 결정하는 것이므로 자율적으로 학습할 수 있도록 풍부한 학습자료를 제공해야 한다.

학습자 중심 접근방식의 특징 중 하나가 학생 스스로 학습 도중에 많은 결정을 선택할 수 있다는 점이나. 그러나 무분별한 자율성이 허용된다면 학습활동 전체가 산만해질 수 있다. 따라서 교수자는 학생들에게 개개인의 학습지도에 관한 것은 스스로 판단할 수 있도록 허용하되, 학습해야 할 전체 수업내용을 최적화하고 효과적으로 운영하는 것은 교수자가 책임지고 이행해야 한다.

학습자 중심의 접근방식은 교수자 중심 접근방식보다 수업 전 사전작업이 상대적으로 많다. 그래서 일부 교수들은 학습자 중심 교수설계를 꺼리기도 한다. 하지만 동기부여 측면이나 학습성과 측면을 고려한다면 충분히 가치 있는 노력의 대가로 교수자로서 큰 보람을 얻게 될 것이다.

지금까지 지식을 바라보는 두 가지 관점에 관해 설명했다. 결론적으로 말하면 객관주의 관점은 교수자 중심의 접근체계이고, 구성주의 관점은 학습자 중심의 접근체계라 할 수 있다.

〈표 9-1〉 객관주의적 접근과 구성주의적 접근

기준		객관주의적 접근	구성주의적 접근
분석, 설계	주체	수업설계자/교수자	학습자-교수자 협력(학습자 중심의 교육환경 강조)
	시기	수업 전	수업과정 중 수시로
	방법	세분화 · 순서화 · 연계화에 의한 설계	상황적이고 융통성 있는 설계
수업 평가	주체	설계자/교수자	학습자 자신, 동료학습자, 교수자
	시기	수업 후	수업 도중에 수시로
	방법	객관식 평가 형태	다양한 평가 형태(수행평가 등)

제2절

교수설계 절차

플립러닝은 기존의 교육 형태와 분명한 차이점이 있기 때문에 별도의 교수설계가 요구된다. 따라서 성공적인 플립러닝을 위해서는 다양한 수업사례를 고려하여 면밀하게 교과목을 재설계해야 한다.

그러기 위해서는 먼저 교수체제설계가 이뤄져야 한다. 그다음에 플립러닝만을 위한 교수-학습 절차 모형에 근거하여 수업을 운영하면 된다.

통상 군에서는 일반적인 교육과정의 절차인 교육계획-준비-실시-평가 순으로 교육을 설계하고 있다. 그러나 이러한 절차는 교육계획의 수립과 준비과정이 구체화되지 않아서 교관의 경험에 의존하거나 주먹구구식으로 진행할 수밖에 없으며, 교육준비가 체계화되어 있지 못하다 보니 그 성과도 담보하기 어려운 지경이다. 따라서 체계화된 절차와 지침으로서 교수설계 절차를 이해하고 적용할 수 있어야 한다.

교수설계를 하는 방법은 여러 가지가 있겠지만, 가장 일반적인 방법으로 교수체제개발(ISD: Instructional System Development) 모형이 있다.

이 모형은 분석(Analysis), 설계(Design), 개발(Development), 실행(Implementation), 평가(Evaluation) 단계로 구성되어 있어 각각의 영문 이니셜을 따서 'ADDIE 수업설계 모형'이라고 부르는데, 교육준비-실시-평가의 환류과정을 통해 이루어지는 일반적인 교육과정과도 일치한다. 특히, 분석, 설계, 개발은 교육준비 과정에 해당하고, 실행은 교육 실시, 평가는 교육평가와 동일한 과정이다. 평가요소는 수업설계의 전 과정에 관여하여 언제든 수정이 이루어져 최상의 설계를 할 수 있는 여건을 제공한다.

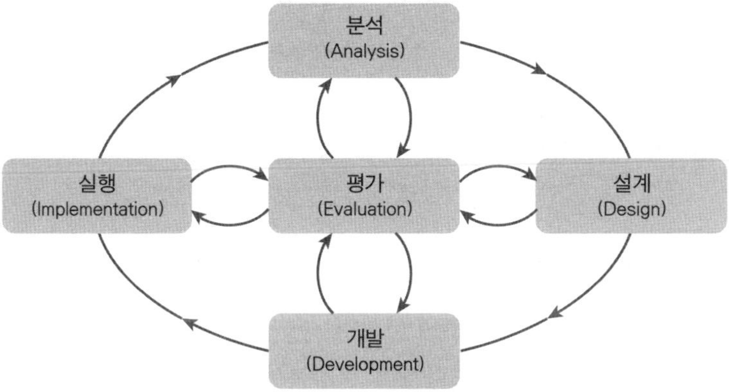

〈그림 9-1〉 체제적 수업설계 모형(ADDIE)

구성요소별 주요 핵심활동을 살펴보면 다음과 같다.

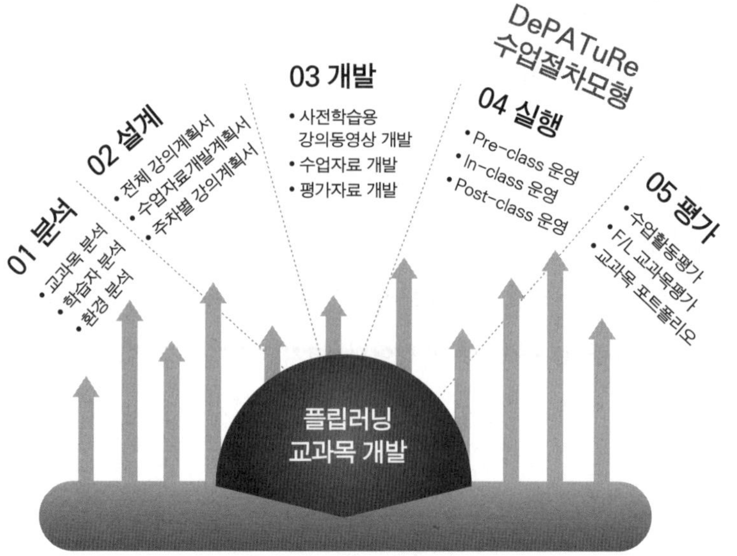

〈그림 9-2〉 플립러닝 수업설계 핵심활동

1) 분석

분석 단계는 수업설계활동에서 제일 먼저 이루어지는 단계로, 수업과 관련된 모든 요소의 환경을 분석 · 확인하는 단계다. 여기에는 요구분석, 학습자분석, 학습내용분석, 환경분석, 교수매체 선정, 교수계획 수립 등의 활동이 있다.

학습자분석은 학습활동을 위한 학습자의 특성을 파악하는 과정으로 학습자가 누구이며 어떤 수준에 있는지 등의 일반적인 상황, 사전학습 능력, 학습적성, 학습양식, 학습동기, 학습태도 등을 확인하고, 그들이 필요로 하는 것과 기대하는 것이 무엇인지 등의 요구를 확인하는 단계다.

플립러닝을 운영하기 위해서는 교육환경 분석이 필요하다. 이는 플립러닝이 ICT에 기반을 두고 강의 콘텐츠를 활용하는 교육방법이기 때문이다. 수업을 원활하게 운영하기 위해서는 다양한 교수학습환경 요건이 원활하게 지원되어야 한다. 따라서 교수자는 다음 〈표 9-2〉에 제시된 교육환경 분석내용을 토대로 플립러닝을 위한 점검사항이나 준비사항을 면밀하게 확인해야 한다.

〈표 9-2〉 교육환경 분석

구분	내용
강의실 환경	• 조별(팀별) 학습활동이 가능한 책상, 의자 배치인가?
	• 학습자들의 활동을 고려할 때 강의실 공간은 여유가 있는가?
	• 시청각 교육을 위한 오디오/비디오(AV) 시스템이 갖추어져 있는가?
교수학습 시스템 환경	• 설계자/교수자
	• LMS(Learning Management System)는 교수자 편의대로 활용할 수 있도록 유연하게 구성되어 있는가?
교수자 미디어 리터러시	• 교수자는 ICT 활용 능력 및 스마트기기(아이패드, 태블릿PC, 스마트폰 등)를 원활하게 활용하는가?
	• 교수자는 학습과정 및 수업 결과물을 공유할 수 있는 다양한 방법을 활용하는가?
	• 교수자는 수업자료원을 자유자재로 편집(큐레이팅)할 수 있는가?

또한, 학습자들이 수행해야 할 직무 및 학습과제의 위계적 구조를 분석하여 학습유형 및 순서를 확인한다.

2) 설계

설계 단계에서는 분석 단계에서 확인한 결과들을 토대로 교수활동 전반(목표분석, 학습구조설계, 교수학습전략 수립, 운영전략 수립, 평가전략 수립, 교수매체 선정)에 대한 청사진을 마련한다.

교과목을 설계하는 단계는 일반적으로 '강의계획서'라고 하는 기존의 실라버스(Syllabus) 개념과 유사하다. 그런데 플립러닝은 온라인 콘텐츠를 활용하는 수업이기 때문에 Pre-class 자료와 In-class에서의 교수-학습 활동 내용을 구분해서 적어야 한다.

3) 개발

개발 단계에서는 앞 단계에서 확인한 결과들을 가지고 교수활동 전반에 대한 청사진을 토대로 실제 교수활동에 활용할 교수매체와 추가적인 보조학습자료를 작성 · 개발하는 등 수업을 위한 모든 계획 및 자료들을 완성하는 단계다.

Pre-class 수업자료가 모두 동영상 콘텐츠일 필요는 없다. 다만, 현재 학습자는 디지털 세대가 주를 이루고 매체에 민감하며 시각적 채널을 선호하기 때문에 주로 동영상 강의를 수업자료로 활용하고 있다.

평가 단계는 교육을 수행하는 동안 학습자들이 교수자가 의도한 학습 목표에 도달했는지를 확인하는 과정이다. 이를 위해 지식과 기능을 측정하는 방법으로 진단평가, 형성평가, 수행평가가 주로 행해진다. 더불어 학생들의 태도 변화를 확인하는 방법으로 학습 성찰을 추천한다(최정빈, 2018). 수업과정 중에 자신을 객관화하고 자기를 이해할 수 있는 학습성찰의 계기를 마련해주는 것이 필요하다.

4) 실행

실행 단계에서는 앞 단계에서 개발된 교수학습지도안 및 매체 등을 활용하여 실제 수업을 전개하며, 학습목표 달성을 위한 교수-학습 활동이 역동적으로 일어날 수 있도록 모든 지원체제를 운용한다. 플립러닝 수업에서의 Before-class(사전학습자료 제공 및 학습자의 자기주도적 학습 활동 환경제공 등) 관리, In-class(사전학습자료의 학습 여부 진단, 학습자 중심의 역동적 수업 진행, 형성평가 등) 관리, 그리고 After-class(형성평가를 실시하여 그 결과를 바탕으로 보충 · 심화학습자료의 제공, 학습팀의 중간산출물 공유, 성찰 활동 등) 관리 등 온라인과 오프라인에서의 역동적인 상호작용이 일어날 수 있도록 환경을 제공한다.

5) 평가

평가 단계에서는 먼저 본시 학습의 생략과 관련되는 선수학습 정도와 흥미 등을 진단평가를 통해 확인하고, 수업 과정에서 학생들의 진척 상황 확인 및 수업목표달성 여부 확인을 위한 형성평가를 수시로 실시하여 그 결과를 토대로 학생들의 학습활동을 더욱 촉진시키고, 교수자의 수업활동을 개선하는 조치를 취한다. 또한, 팀 중심의 수업전개과정에서 자기 · 동료 · 팀 평가를 실시하여 학습자 개인 및 동료들과의 협력적 관계형성 여부 등을 지속적으로 확인한다. 학기말 평가의 경우, 본교과의 수업이 종료되고 교과목표 달성 여부 등을 확인하기 위해 총괄 및 개인 혹은 팀 포트폴리오 평가를 실시한다. 또한, 교수자의 수업 전반에 대한 질적 평가를 실시하여 다음 수업의 전략 수립 및 운영에 환류하는 활동이 필수다.

제3절
플립러닝 DePATuRe 모형 개발

이 절에서는 학습자 중심 교육을 실현하고자 구성주의 관점에 근거하여 군 학교교육 플립러닝을 위해 개발된 'DePATuRe 교수학습모형'의 수업 절차의 구조와 원리, 핵심활동을 소개한다.

1. 플립러닝 DePATuRe 모형의 구조

교수체제설계와 관련해서는 ADDIE 모형에 따라 DePATuRe 교수학습모형을 개발했다. 단, ADDIE 모형의 설계(Design) 단계에서 이루어지는 수업운영계획 분야, 사전학습 동영상 자료 등 개발(Development) 단계에서 이루어지는 내용들은 DePATuRe 교수학습모형 구조에 포함했다. 이는 군 학교교육에서는 일반 학교에서 이루어지는 과목별 1개 학기의 수업을 운영하는 것이 아니라 교과목별 4~20시간 범주에서 이루어지기 때문에 설계와 개발, 실행 단계를 망라해서 교수학습모형을 개발하는 것이 타당하다고 보았다.

플립러닝 기반 수업모형의 구조 중 실행 단계는 사전학습 단계에서 교과 내용과 관련된 개념적 지식을 습득하고, 수업 중에 지식 및 재구성할 수 있는 적용 및 응용 수업방식으로 진행하며, 수업 후에 심화 보충학습을 하도록 구성했다. 군 학교교육의 특성에 부합하게 설계한 DePATuRe 교수학습모형을 도식화하면 〈그림 9-3〉과 같다.

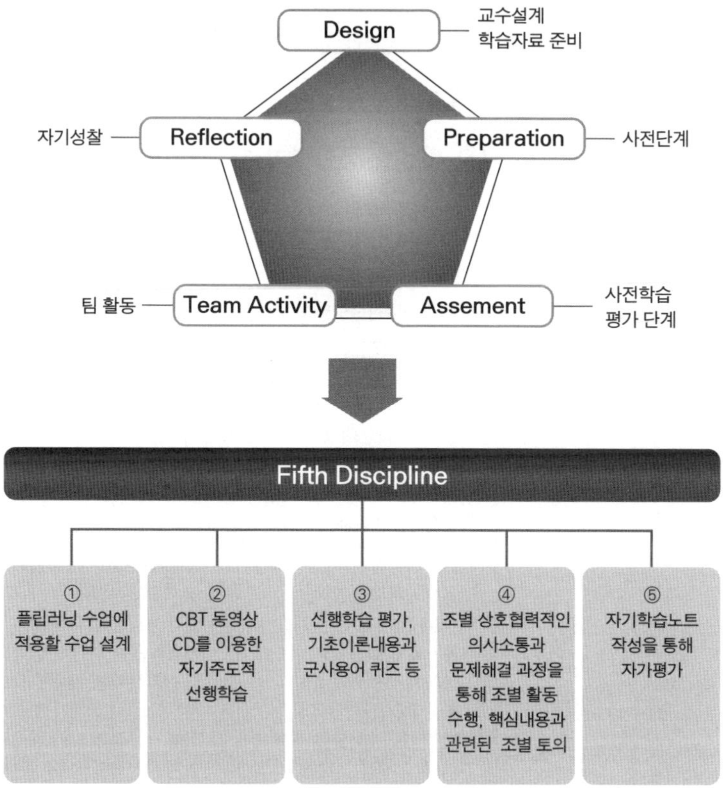

〈그림 9-3〉 DePATuRe 교수학습모형

2. 플립러닝 DePATuRe 교수학습모형의 원리

군 플립러닝을 위한 차별화된 수업 절차 모형을 크게 5단계로 구성하며, 각 단계의 영문 첫 글자를 조합하여 'DePATuRe' 모형이라고 명명한다. 이는 학군단에서 장교가 되기 위해 첫출발하는 장교후보생들의 변화와 성장을 돕는 학습자 중심의 교수설계임을 고려한 것이다. 따라서 장교후보생들에게 적용하고 있는 플립러닝이 양성교육의 첫출발이라는 의미로 재해석할 수 있다.

플립러닝 기반 수업모형은 교과에 대한 사전지식을 파악하고 문제해결력을 키우기 위해 플립러닝의 수업구조와 절차에 따라 진행되며, 수업을 통해 익힌 교과 내용을 통합하기 위해 현장과 연계한 수업을 진행한다.

〈표 9-3〉 플립러닝 기반의 'DePATuRe' 교수학습모형 핵심활동

수업 진행 단계		학습자활동	교수자활동
수업 준비	교수설계 및 학습자료 개발 (Desgin)	• 플립러닝 적용 수업설계 • 동영상 CD 준비 및 필요 시 항목별 동영상 제작 • 학습활동지시서, 교수계획표, 실습계획표 제작 • 선행학습에 사용되는 기본교재 확인 • 플립러닝이 가능한 수업 환경 준비	
Pre-class	사전 단계 (Preparation)	• CBT 동영상, 인터넷 동영상을 이용하여 선행학습 • 핵심내용과 관련된 기초 이론자료와 실습지침서를 활용하여 사전 퀴즈 풀이 • 핵심내용에 대한 이론적 근거, 이해되지 못한 내용에 대해 자기학습노트 또는 개인 연구노트 작성	• 학습활동지시서에 학습목표 및 학습내용 안내 • CBT 동영상, 교재 제공 • 선행학습을 위한 선행학습실 정기적 개방 및 관리 • 사전학습 시 이해가 부족하거나 의문점에 대한 해소를 위한 사전학습 지도(대면지도, 원격지도, SNS 이용 등)

수업 진행 단계		학습자활동	교수자활동
In-class	사전학습 평가 단계 (Assessment)	• 선행학습 평가 • 핵심용어 또는 기본원칙과 원리에 대한 퀴즈 • 전투기술 및 핵심용어 질의응답	• 선행학습에 대한 퀴즈/퀴즈풀이 • 핵심내용의 이론적 근거에 대한 핵심강의 • 선행학습 평가를 토대로 교육생 수준 파악 및 교육방향 설정 • 선행학습 정도와 선행학습 중 발생한 문제점을 파악하여 피드백 제공
	팀(조별, 학급) 활동 (Team Activity)	• 사전 토의 여건 조성(강의실 등) • 팀 리더 사전 선정 등 준비 • 팀 활동에 있어 첫 번째 활동은 '문제해결을 위한 토의', 두 번째 활동은 '핵심내용 토의'로 명확하게 구분하거나 통합하여 제시 • 조별 상호 협력적인 의사소통과 문제해결 과정을 통해 조별 활동 수행 • 문제해결을 위한 조별 구성원 간 토의 • 핵심내용과 관련된 조별 토의 • 학급별 토의 발표	• 명확한 조별 발표안 구성 제시 • 교수자의 분위기 조성 및 사회자 역할 • 조별 토의 과정에서 관찰된 문제점 및 오류를 확인하여 피드백 제공 • 조별로 핵심내용에 대한 교수자 평가 • 발표에 대한 관찰평가 • 발표에 대한 피드백 제공
Post-class	자기성찰 (Reflection)	• 개인별 학습 결과 소감 작성(오답노트 형태) • 자기학습노트 또는 개인 연구노트 작성을 통해 자가평가 실시 • 자기학습노트는 과목별 특성 고려 작성	• 핵심내용 요약정리 • 다음 차시 수업주제 소개

'DePATuRe' 모형에 대해 단계별로 세부사항을 설명하면 첫째, 수업준비 단계다. 이 단계는 교수설계 및 학습준비 단계(Design)로, 교수자는 플립러닝 적용 수업에 대한 분석과 준비를 한다. 준비 내용으로는 동영상 CD 준비 및 필요 시 항목별 동영상 제작, 학습활동지시서, 교수

계획표, 실습계획표 제작, 선행학습에 사용되는 기본교재 확인, 플립러닝 수업운영이 가능한 수업 환경 준비 등이다.

두 번째는 사전 단계(Preparation)로 선행학습, 즉 예습을 위한 수업자료원을 제공하는 과정이다. 교수자는 학습활동지시서를 제공하는데, 여기에는 학습목표, 학습내용, 참고자료 등 수업자료원들을 명시하고 있다. 학습자는 이를 기초로 기본교재, 동영상 CD를 이용하여 자기주도적 선행학습을 한다. 이때, 해당 차시 자료들을 미리 제공하여 학습자들의 마음 부담을 덜어주어야 한다.

세 번째는 사전학습평가(Assesement) 단계다. 이 단계에서는 Pre-class 내용과 관련하여 학습자가 스스로 개념을 습득하고 이해했는지를 확인하는 단계다. 면대면 강의실에서 쪽지시험, 선행학습 평가, 기초이론 내용과 군사용어 퀴즈 풀이 등을 하게 된다. 이때 교수자는 선행학습 평가를 토대로 선행학습 간 발생한 문제점을 파악하여 피드백을 제공하고, 필요 시 핵심강의를 할 것을 권고한다.

네 번째 단계는 팀 활동(Team Activity)으로, 플립러닝의 핵심이라고도 할 수 있다. 이 단계에서 조별 상호협력적인 의사소통과 문제해결 과정을 통해 조별활동을 수행한 핵심내용과 관련된 조별 토의가 이루어진다. 교수자는 학습자 간 협업을 도모케 하여 자신들이 알고 있는 지식을 공유하고 확산하여 코치 역할을 수행하는 촉진자로서 문제해결을 통한 심화학습으로 발전시켜야 한다. 이러한 교수자의 활동은 기존의 전통적인 강의실 수업과는 대조적인 역할변화다. 또한, 교수자는 학업성취도가 낮은 학습자에게 수준별 개별화 맞춤교육을 제공해야 하고 학습동기를 잃지 않도록 격려와 지지를 아끼지 말아야 한다. 그리고 교수자가 신경 써야 할 부분은 토의 및 발표에 대한 피드백 제공과 토의와 발표가 원활하고 효과적으로 진행되기 위해 시간 분배에 유념해야 한다. 이 단계에서 개인 및 조별 평가를 효과적으로 할 수 있도록 평가 도구도 준비해야 한다.

마지막 다섯 번째 Post-class인 자기성찰(Reflection)은 팀별 과제 수행 및 개별학습을 성찰하는 단계로, 내적으로 경험한 마음의 상태를 표현하게 하는 과정이다. 학습자는 해당 교육을 통해 배운 점, 느낀 점, 실천한 점 등이 포함된 개인별 학습 결과 소감을 작성(오답노트 형태)한다. 자기학습노트 또는 개인 연구노트 작성을 통해 자가평가를 하되 자기학습노트는 과목별 특성을 고려하여 작성한다. 교수자는 핵심내용 요약정리와 다음 차시 수업주제 소개 등을 수행한다.

제10장

교육평가의 개념과 군 학교교육평가의 실제

개요

이 장에서는 교육평가의 개념과 학교교육평가에 대해 알아보고자 한다. 교육과정에서 평가는 교육과정과 학업성취수준을 평가한다. 이를 통해 교육자료나 교육훈련 프로그램을 개선하고 정책입안이나 의사결정을 위한 기초자료를 제공한다. 따라서 제1절에서는 교육평가의 개념에 대해 살펴보고, 제2절에서는 교육평가의 분류에 대해 알아보며, 제3절에서는 교육목표 및 영역별 평가방법, 제4절에서는 군 학교교육평가의 실제에 대해 고찰했다.

학습내용

제1절 교육평가의 개념

제2절 교육평가의 분류

제3절 교육목표 및 영역별 평가방법

제4절 군 학교교육평가의 실제

제1절

교육평가의 개념

1. 교육평가의 개념

일반적으로 '평가(evaluation)한다'는 것은 어떤 대상의 가치나 질에 대해 판단을 내리는 것을 의미한다. 이러한 평가는 인간이 삶을 이루어 가는 가운데 의식적으로든 무의식적으로든 끊임없이 행하게 되는 기본적인 행동 중의 하나다. 지금까지 교육평가(education evaluation)에 대한 여러 학자의 개념을 살펴보면 다음 세 가지 정도로 구분해볼 수 있다.

첫 번째 개념은 목표달성도 확인이다. 이는 교육평가를 '교육목표가 얼마나 실현되었는지 그 정도를 밝히는 과정'으로 보는 타일러(Tyler)식의 개념 정의다. 이러한 관점은 1930년대 이후 미국에서 등장한 이래 지금까지 학교교육 현장에서 지속적인 영향을 미치고 있다. 우리나라의 경우에도 1945년 해방과 함께 현대적 의미의 교육평가 개념들이 도입되면서 1960년대에 학력평가를 교육과정 목표의 달성도를 측정하는 것으로 연계시키려는 타일러식의 교육평가 개념을 도입했다.

두 번째 개념은 의사결정을 위한 정보제공이다. 교육평가를 "교육과 관련된 의사결정을 내리는 데 필요한 정보를 수집하는 활동 또는 그 과정"으로 정의 내린다. 이 관점은 교육평가의 범위를 교육과 관련된 의사결정에 필요한 정보를 제공하는 것으로만 제한하고, 최종적인 의사결정 자체는 교육평가의 영역에서 벗어나는 것이라 간주한다. 즉, 평가자는 우등생이나 상급학교 진학생을 결정하는 데 필요한 정보를 수집하여 제공하고, 최종적인 결정은 해당 의사결정자가 내려야 한다고 보는 입장이다. 대표적인 학자로는 크론바흐(Cronbach)와 스터플빔(Stufflebeam)을 들 수 있다.

세 번째 개념은 가치의 판단이다. 이 개념은 평가에 대한 사전적 정의를 그대로 취하여 교육평가를 "교육과 관련된 어떤 대상의 장점, 질, 가치 등을 판단하는 과정과 그 산물"로 정의한다. 대표적인 학자로는 스크리븐(Scriven)과 스테이크(Stake)를 들 수 있다. 특히, 스크리븐은 "교육평가는 우선 평가 기준을 설정하고, 관련 정보를 수집한 뒤 평가 기준을 적용하여 대상의 가치나 유효성, 효과, 중요성 등을 판단해야 한다"라고 말한다.

교육 및 교육평가에 대한 여러 학자의 개념을 종합해보면 교육평가란 "교육과 관련된 모든 것의 양, 정도, 질, 가치, 장점 등을 체계적으로 측정하여 판단하는 주관적 행위로서 교육의 목적에 대한 가치를 판단하는 행위"라고 정의할 수 있다(성태제, 2009).

교육은 목적적 행위이기 때문에 특정한 목적에 따라 교육을 실시한 후 그 목적이 제대로 달성되었는지를 확인하는 작업이 필요한데, 그것이 교육평가다. 교육평가는 무엇을 가르치고, 무엇을 배워야 하는가하는 명제와 관련된 것으로 교수학습 및 교육과정과 불가분의 관계에 있다.

2. 평가, 측정, 검사, 총평

교육평가의 개념과 관련하여 평가, 측정, 검사, 총평 등의 개념을 이해할 필요가 있다. 평가(evaluation)는 학습자의 수행 또는 교수전략 등에 대해 양적 · 질적 측정과 가치판단을 포함한 의사결정을 하는 것을 말한다. 평가는 '공부를 잘한다', '머리가 좋다'와 같이 어떤 기준에 다른 주관적인 판단이며 가치가 포함되어 있다. 어떤 사람이 특정인의 키가 크다고 판단했을 때, 다른 사람은 이에 동의하지 않을 수도 있다. 주관적 평가는 사람들 사이의 의사소통을 원활하지 못하게 하고 판단의 오류를 범하는 원인이 되기도 한다. 그럴 경우 "그 사람의 키는 180cm다"라고 한다면 상대방이 이해하는 데 도움이 되고 객관성이 높아진다.

측정(measurement)은 특정 대상을 일정한 규칙에 따라 수량화하는 것을 말한다. 사람들은 각기 독특한 특성을 지니고 있으며 개인차가 존재한다. 존재하는 속성의 차이는 양으로 존재하기 때문에 측정이 가능하다. 측정이란 대상의 성질을 구체화하기 위해 수를 부여하는 절차다. 예를 들어, 어떤 사람의 키가 175cm라든가, 몸무게가 80kg라든가, 100m를 12초에 달렸다고 하는 것은 모두 측정의 결과다. 측정을 통해 대상의 속성을 수량화하는 것은 언어적 표현으로 인한 모호성과 주관적 판단에 따른 오류를 최소화하고 객관적인 분석과 판단을 하는 데 필요하기 때문이다.

평가와 측정은 그 과정에서 '가치가 적극적으로 개입되느냐'의 여부에 따라 구분된다. 평가와 측정을 비교하여 제시하면 〈표 10-1〉과 같다.

〈표 10-1〉 평가와 측정의 비교

평가	측정
가치 지향적(value-oriented)	가치 중립적(value-free)
대상의 가치를 판난하는 것	대상의 특성을 수량화하는 것
시행(treatment)의 효과를 기술(description)하는 것을 목적으로 함	개인들의 특성을 기술(description)과 비교(comparison)하는 것을 목적으로 함

출처: 강현석 · 주동범(2004: 307)

검사(test)란 직접 측정할 수 없는 인간의 잠재적인 특성을 측정하고자 할 때 사용하는 측정도구를 말한다. 측정의 대상에는 길이나 무게와 같이 직접 잴 수 있는 것이 있는가 하면, 지능, 적성, 성격, 동기, 학업성취도 등과 같은 인간의 잠재적 특성들은 직접 측정할 수 없기 때문에 검사를 제작하여 측정한다. 검사는 측정하고자 하는 영역에 따라 다양한 종류가 있다. 인간의 인지적 영역을 측정하는 검사에는 지능검사, 학업적성검사, 학업성취도검사 등이 있고, 정의적 영역을 측정하는 검사에는 성역검사, 흥미검사, 불안검사, 직업적성검사 등이 있으며, 심동적 영역을 측정하는 검사로는 주의집중력검사 등이 있다. 평가는 판단기준 및 근거를 강조하는 반면에 측정은 측정도구의 타당도 및 신뢰도를 강조한다.

총평[assessment, 또는 사정(査定)]은 인간의 특성을 지필검사, 면접, 행동관찰 등 다양한 방법을 종합적으로 사용하여 평가하는 것을 말한다. 인간의 전반적인 특성은 단일한 검사나 도구로 측정될 수 없기 때문에 총평이 필요하다.

총평은 측정보다는 좀 더 폭넓은 의미와 종합적인 의미를 지니며, 주어진 목적에 부응하기 위한 근거자료를 체계적으로 수집하고 그 목적에 부합되도록 활용하는 데 중점을 두는 개념이다(한국교육평가학회, 2004).

3. 교육평가의 목적 및 기능

교육평가를 실시하는 목적은 평가대상에 대한 정보를 수집하고, 학습자의 학업성취도를 확인하며, 다양한 교육현장의 문제를 파악하여 교육과정, 교수학습방법, 교육환경 등을 개선하는 데 필요한 정보를 제공하는 데 있다.

교육평가는 다음과 같은 기능을 한다. 첫째, 교육을 진행하는 과정에 있는 교육과정, 프로그램, 교재 등을 개선하고 발전시키는 기능을 한다. 둘째, 교육대상을 선발하거나 자격을 부여하는 기능을 한다. 셋째, 교육평가를 실시함으로써 교육활동에 대한 책무성을 부여하여 교육의 질을 관리한다. 넷째, 교육평가의 시행을 예고함으로써 학습자의 학습활동에 대한 동기를 부여한다. 다섯째, 교육평가를 통해 상이나 벌을 수여하는 자료를 제공한다(성태제, 2009).

교육평가의 목적은 교육을 도와주는 것이지 구속하는 것이 아니므로 교육평가가 교육대상에 긍정적인 영향을 주는 것은 당연하다.

일반적으로 교육평가의 기능은 형성적 기능(formative function)과 총괄적 기능(summative function)의 크게 두 가지로 구분할 수 있다(Scriven,

1967). 형성적 기능은 새로운 교육과정이나 교수활동전략을 개발하기 위한, 또는 현재 사용하고 있는 교육과정, 프로그램, 교수방법, 교육시설 등을 수정 · 보완 · 개선하기 위한 방안을 탐색하고 결정하는 데 필요한 정보를 수집할 목적으로 실시하는 기능을 의미한다. 대체로 교육활동이나 프로그램을 개발하는 과정에서 미비한 점을 찾아 프로그램을 수정 · 보완하는 데 필요한 정보를 수집 · 제공하여 의사결정에 도움을 주기 위한 기능이라고 해서 '전향적 기능(proactive function)'이라고 한다(Stufflebeam, 1971). 일반적으로 형성평가는 새로운 프로그램 또는 교육과정에 대한 요구를 조사하고, 필요에 따라 새로운 프로그램을 설계하는 과정에 대한 평가를 해야 한다. 또한, 프로그램의 실행과정을 개선하기 위해 프로그램 자체가 적절한 방식으로 운영되고 있는지 확인하는 데 필요한 피드백을 제공해야 한다.

총괄적 기능은 형성평가를 통해 교육프로그램, 교수활동 방법, 교육시설, 교육환경, 교육정책 등 교육여건이 최적 상태임을 확인한 후에 교육의 성과를 평가하거나 자격인정, 선발 혹은 교육을 계획하고 실행한 당사자의 책무를 밝힐 목적으로 실시하는 평가의 기능을 말한다. 총괄적 기능은 형성적 기능과 달리 어떤 교육적 조치나 활동이 끝난 시점에서 실시하는 평가의 기능이기 때문에 '후향적 기능(retroactive function)'이라고 부른다.

최종 교육프로그램의 효율성을 확인하고 검증하기 위한 평가를 비롯하여 중간고사 또는 기말고사처럼 일정한 교육이 끝난 다음 각각의 학습자들의 성취도를 측정하는 평가의 기능은 모두 후향적 기능에 속한다.

평가의 전향적 기능과 후향적 기능은 내용과 형태에 의해 구분되는 것이 아니라 평가를 하는 목적과 시기에 따라 결정된다. 새로운 운영방안을 집행하는 과정에서 문제점을 찾고 보완하기 위해 실시하면 전향적 기능의 평가이고, 반대로 새로운 운영방안을 집행한 다음 그 성과나 영향을 평가하기 위해 실시하면 그것은 후향적 기능을 가진 평가라 할 수 있다.

제2절

교육평가의 분류

1. 교수학습 평가기준에 따른 분류

교육평가는 평가기준을 어디에 두느냐에 따라 규준지향적인 평가와 준거지향적인 평가로 구분된다. 규준지향평가(norm-referenced test)는 규준을 설정하여 학습자들의 성취도를 상대적으로 평가하는 방식이고, 준거지향평가(criterion-referenced test)는 학습목표 등의 절대적인 준거에 비추어 학습자들의 성취 정도를 확인하는 평가다.

1) 규준지향평가

(1) 규준지향평가의 의미

규준지향평가(norm-referenced test)는 개인이 얻은 점수나 측정치를 비교집단의 규준(norm)과 비교하여 상대적인 서열에 의해 판단하는 평가를 말한다(성태제, 2009).

규준지향평가는 '상대비교평가' 또는 '상대평가'라고도 하는데, 규준집단(비교집단)에서 상대적인 위치나 서열에 비추어 해석하는 평가방식이다. 규준집단의 평균적인 수행을 나타내는 규준은 규준집단의 점수분포에서 계산된 통계치로서 흔히 평균을 사용한다.

규준과 규준집단에 관한 예를 들어보자. A 병사의 키가 160cm라고 한다면 그 자체만으로는 A의 키가 큰지 작은지 판단할 수 없다. A의 키가 큰지 작은지를 판단할 때 규준집단의 평균 키가 150cm라고 한다면 A의 키는 큰 편으로 해석되지만, 또래집단의 키가 평균 170cm라면 A의 키가 작다고 해석할 수 있다. 이 경우 또래집단이 규준집단이고, 또래집단의 평균 키가 규준이다.

이와 같이 규준평가에서는 개인의 점수를 규준집단의 점수와 비교하여 상대적으로 해석하는데, 이때 규준은 점수를 상대적으로 해석할 수 있는 기준이 된다. 점수를 규준에 비추어 해석한다는 것은 규준집단에서 상대적인 위치와 서열을 결정한다는 것을 의미한다. 규준은 상대적인 성질을 갖고 있으므로 규준에 비추어 점수를 해석하는 평가를 '상대평가'라 한다.

규준지향평가의 가장 전형적인 특징인 동시에 단점은 원점수가 같더라도 규준에 따라 평가 결과가 달라진다는 것이다. 시험점수가 80점이라고 할 때 평균이 85점이면 성적이 낮다고 해석되지만, 평균이 60점이라면 성적이 높다고 해석된다. 마찬가지로 A가 1,200개의 어휘를 구사한다고 할 때 나이가 1세라면 언어능력이 탁월하다고 해석되지만, 20세라면 언어능력이 심각하게 결손되어 있다고 해석된다.

규준은 규준집단의 범위에 따라 전국규준(national norm)과 지역규준(local norm)으로 구분되고, 규준집단의 성질에 따라 연령규준, 학년규준, 성별규준으로 구분된다. 규준지향평가에서는 점수에 대한 해석이 규준에 따라 좌우되기 때문에 규준은 대표성, 적합성, 비교 가능성 같은 요건을 갖추어야 한다. 대표성(representativeness)은 규준집단이 모집단의 특성을 적절하게 반영해야 함을 의미한다. 규준집단이 대표성을 갖추려면 표본이 커야 하고, 모집단에서 무작위로 추출되어야 한다. 적합성은 점수를 비교하고자 하는 규준집단이 비교집단으로 적절해야 함을 의미한다. 초등학교 2학년 학생의 점수는 초등학교 2학년 학생들의 점수와 비교해야지, 5학년 학생들의 점수와 비교하는 것은 적절하지 않다. 우리나라 청소년의 키와 체중은 과거에 비해 현저하게 증가하는 추세를 보이고 있으므로 키나 체중에 대한 규준은 이러한 추세를 제대로 반영해야 한다. 두 가지 이상의 검사에서 얻은 점수를 서로 비교하려면 규준에 비교 가능성(comparability)이 있어야 한다. 두 검사에서 얻은 점수를 비교하기 위한 규준집단이 완전히 다를 경우 어떤 학생이 검사 A에서 얻은 점수의 백분위가 80이고 검사 B에서 얻은 점수의 백분위가 50이라는 정보는 아무런 의미가 없다.

규준지향평가의 장점은 다음과 같다. 첫째, 상호비교의 용이성이다. 규준지향평가는 평가집단 내 학습자 개인의 상대적인 위치를 파악하여 우열을 가리기가 쉽다.

둘째, 규준지향평가는 경쟁을 통한 학습동기 유발이라는 두 가지 장점으로 인해 현재 교육현장에서 이루어지고 있는 대부분의 평가는 규준지향평가에 의존한다고 해도 과언이 아니다.

하지만 규준지향평가는 다음과 같은 단점들도 가지고 있다(성태제,

2009). 첫째, 규준지향평가는 학습자가 무엇을 얼마나 알고 있느냐에 중점을 두지 않기 때문에 무엇을 가르치고 배워야 하는가에 대한 정보를 제공해주지 못한다.

둘째, 규준지향평가는 개인 및 집단의 성취를 기초로 한 상대적 서열을 중시하기 때문에 평가 결과가 집단의 수준에 따라 좌우된다. 따라서 학습목표의 달성 여부에 따라 체계적인 강화를 하기 어렵고, 교수학습을 개선하는 데 필요한 정보를 충분히 제공해주지 못한다.

셋째, 규준지향평가는 지나친 경쟁심을 조장하여 서열주의식 사고가 팽배해질 수 있으며, 구성원 간 협동심을 함양하는 데 부정적인 영향을 미친다.

넷째, 규준지향평가를 하면 학습자는 1점이라도 높은 점수를 얻는 데 관심을 두므로 암기 위주의 학습을 하기가 쉽고, 이해력, 분석력, 창의력, 탐구정신 등 고등정신 능력을 배양하는 데 부정적인 영향을 미친다.

다섯째, 규준지향평가는 심리적 건강에 좋지 않은 영향을 미치며 검사 불안, 이기심, 명예 등 정의적 행동 특성에 부정적인 영향을 미친다.

(2) 규준지향평가의 등급표시

규준지향평가의 결과는 흔히 5단계 상대평가, 백분위, 표준점수, 학년규준점수, 연령규준점수 등으로 표시된다.

① 5단계 상대평가: 전체집단을 10%, 20%, 40%, 20%, 10%로 나눈 다음 수(A), 우(B), 미(C), 양(D), 가(F)로 성적을 평가하는 방식이다. 학교에서의 성적산출은 전형적인 규준지향평가 방식

으로 실시한다.

② 백분위(Percentile rank: PR): 전체집단에서 특정 점수 이하의 점수를 받은 사례들이 차지하는 백분율을 나타낸다. A의 점수의 백분위가 70%이라는 것은 A가 받은 점수 이하의 점수를 받은 사람들이 전체의 70%라는 의미다.

③ 표준점수(standard score): 정규분포에서 원점수가 평균과 다른 정도를 표준편차 단위로 표시한 점수로 종류로는 Z점수, T점수, 스테나인 점수 등이 있다.

④ 학년규준점수(grade equivalent score or developmental level score): 원점수가 몇 학년의 평균수준과 같은지를 나타내는 점수를 말한다. 예를 들어, 학년규준점수 3.5는 3학년 6개월의 평균수준과 같다는 것을 의미한다. 학년규준을 작성하려면 먼저 각 학년을 대표할 수 있는 집단에 대해 검사를 실시한 다음 학년별로 평균 또는 중앙치를 계산해야 한다.

⑤ 연령규준점수(age equvialent score): 원점수가 어느 연령집단의 평균과 같은지를 나타내는 점수를 말한다. 가장 널리 알려져 있는 연령규준점수는 정신연령이다. 예컨대, A의 정신연령이 7세라는 것은 지적 수준이 7세 아동 집단의 평균과 같다는 것이다.

2) 준거지향평가

(1) 준거지향평가의 의미

준거지향평가(criterion referenced evaluation)는 준거에 비추어 학습

자들이 무엇을 얼마만큼 알고 있느냐에 관심을 두는 평가다. 즉, 학습자가 학습해야 할 학습과제의 영역 또는 분야에 대해 얼마만큼 알고 있는지를 준거에 비추어 판단하는 평가가 준거지향평가다.

준거지향평가는 '절대평가'라고도 하는데, 일정 점수 이상을 획득한 대상에게 자격증을 부여하는 의사 및 간호사 자격시험, 무도 승단시험, 체력검정시험, 사격등급 평가, 한국사능력검정시험, 졸업인증제 등과 같이 일반적으로 자격증을 부여할 때 사용된다. 자격증을 부여할 때는 상대적 서열보다는 어떤 일을 성공적으로 할 수 있다고 판단되는 기준에 도달했는지 여부를 기준으로 자격을 부여한다.

준거지향평가에서 가장 중요한 요소는 과제의 영역(domain)과 준거(criterion)다. 영역은 교육내용으로서 측정의 내용이 되고, 준거는 교육목표를 설정할 때 도달해야 하는 최저 기준이다. 그러므로 준거지향평가에서는 무엇을 평가할 것인가에 대한 영역을 구체적으로 명시해야 하고, 이를 근거로 준거를 설정하는 것이 매우 중요하다. 학업성취도검사에서 준거는 '재수강' 기준과 같이 교수자나 교과내용 전문가가 해당 내용을 이해했다고 가정하는 최저 학습목표라고 할 수 있다.

준거지향평가의 장점은 다음과 같다. 첫째, 학습자가 무엇을 알고 무엇을 모르는가에 대한 직접적인 정보를 제공해주므로 이를 기초로 교육과정 및 교수학습을 개선할 수 있다.

둘째, 준거지향평가는 지적인 성취를 유발하고 학습효과를 증진시킨다.

셋째, 준거지향평가는 탐구정신과 협동심을 배양하는 데 긍정적인 영향을 미친다.

넷째, 준거지향평가는 지나친 경쟁심과 서열의식을 지양하고 심리적 건강에도 긍정적인 영향을 미친다.

준거지향평가의 단점으로는 준거를 설정하는 데 어려움이 있고, 개인 간 경쟁에 중점을 두지 않으므로 학습 외적인 동기유발을 하기 어렵다는 점이 지적된다. 또한, 학습자들의 학업성취도 달성수준을 교육목표인 준거에 비추어 평가하지 않고, 관대화 평가로 인한 점수 부풀리기 현상이 나타날 수 있다는 점도 지적되고 있다. 한 예로 코로나19 상황에서 대학별 비대면수업으로 진행하면서 절대평가를 도입하거나 상대평가가 완화적으로 적용된 수업이 많아지면서 '학점 인플레' 현상이 심각한 것으로 나타났다. 개인과 개인을 비교하는 게 아니라 학습목표를 100으로 보고 학습자가 얼마나 도달했는지를 보는 절대평가 특성상 구체적인 평가 준거를 학생들에게 제시하는 것이 중요하다. 현재의 학점 인플레 현상 논란을 잠재우기 위해서는 교수자의 구체적인 평가 준거 제시 노력이 중요하다는 뜻이다.

(2) 준거지향평가의 결과보고 양식

준거지향평가의 결과를 보고하는 양식은 정답률(백분율), 도달-미달 분류, 5단계 절대평가, 지식 혹은 기능을 서술하는 방식으로 구분된다.

① 정답률(백분율): 정답률은 출제된 문항 중 정답을 맞힌 문항들의 백분율(%)로 표시된다. 정답률을 규준지향평가에서 사용하는 백분위(전체집단에서 특정 점수 이하를 받은 사람들의 백분율)와 혼동하지 말아야 한다.

② 도달-미도달 분류: 준거지향평가의 결과를 보고하는 또 다른

방식은 분할점수를 기준으로 도달-미도달(합격-불합격)로 분류하는 방식이다.

③ 5단계 절대평가: 표준에 근거하여 점수를 일반적으로 5개 범주로 분류하는 방식인데, 이를 '표준근거해석(standard-based interpreta tion)'이라고 부르기도 한다. 표준근거해석의 전형적인 형태는 정답률이 90% 이상이면 A, 80~90%이면 B, 70~79%이면 C, 60~69%이면 D, 59% 이하면 F를 주는 방식이다.

④ 지식 혹은 기능을 서술하는 방식: 지식이나 수행할 수 있는 기능을 구체적으로 기술하는 방식이다. 예컨대, "두 자릿수 덧셈을 할 수 있다"와 같이 기술하는 것이 이에 해당한다.

3) 대안적 평가방식

평가 분야에서는 검사점수를 상대적으로 해석하는 규준지향평가와 절대적으로 해석하는 준거지향평가가 가장 널리 사용되고 있다. 이 평가방식과 다른 대안적 평가방식으로는 성장지향평가, 능력지향평가 등을 들 수 있다.

(1) 성장지향평가

성장지향평가(growth-referenced evaluation)는 학습자가 일련의 교육 진행과정을 통해 얼마만큼 성장하고 변화했는가에 관심을 두는 평가다. 최종적인 성취수준 자체만 보기보다는 교육과정 초기에 학습자가 보였던 능력의 수준과 현재의 평가 결과로 나타난 능력 수준을 비교하여 얼마만큼 향상되었는가를 판단하는 평가다. 따라서 최종적인 평가 결과에 따른 학습자의 상대적인 서열에 관계없이 교수학습 과정을 통해 많은 성장을 이룬 학습자일수록 좋은 평가 결과를 받게 된다.

예를 들어, 육군사관학교에서 수여하고 있는 장려상은 성장지향평가를 적용하고 있는 사례다. 장려상은 서열이나 준거에 따른 선발기준이 없고, 직전 학기 성적 수준에 비추어 일정 정도(서열 75%) 이상 향상된 생도들에게 수여하는 상이다. 그런데 성장지향평가는 본질적으로 개인 간 비교가 아니라 학습자 본인의 과거 성취 또는 능력에 비추어 성장한 정도에 주안점을 두는 평가이므로 상대적 서열을 기준으로 변화의 정도를 측정하여 장려상 수상자를 선정하기보다는 학습자 개인의 과거 학업성취도인 평점 평균을 기준으로 변화의 정도를 측정하여 장려상을 수여하는 것이 성장지향평가의 본질적 특성에 더 부합한다고 할 수 있다.

우수한 교육자는 능력이 낮은 학생을 교육을 통해 능력이 높은 학생으로 변화시키는 사람이다. 또한, 최근의 교육적 추세는 교육을 통한 학습자의 변화와 성장에 대한 관심이 증대되고 있다. 이러한 점들을 고려할 때, 성장지향평가의 실제적인 방법을 개발하여 적용을 확대하는 것이 교육적으로 매우 의미 있는 일이다.

성장지향평가의 장점은 학습자들에게 학업 증진의 기회를 부여하고, 교육 및 평가의 개별화를 강조함으로써 평가의 교육적 효과를 증진시킨다는 점이다.

성장지향평가를 타당하게 실행하기 위해서는 먼저 교육 시행 전에 측정한 결과가 신뢰할 수 있어야 한다. 둘째, 교육 종료 후 측정한 결과도 신뢰할 수 있는 점수여야 한다. 셋째, 교육 시행 전에 측정한 결과와 종료 후 측정한 결과 간의 상관이 낮아야 한다(Oosterof, 2002; 성태제, 2009).

교육 시행 전에 평가한 결과와 종류 후에 평가한 결과를 신뢰할 수 없다면 학습자의 성장 및 변화를 정확히 분석할 수 없으므로 성장지향평가의 교육적 취지를 살릴 수 없다. 일부 학생들은 성장지향평가가 실시됨을 미리 알고서 교육 시행 전에 실시되는 진단평가에서 고의로 최선을 다하지 않고 낮은 평가 결과를 받으려 할 수도 있음에 유의해야 한다.

(2) 능력지향평가

능력지향평가(ability-referenced evaluation)는 학습자가 가지고 있는 능력에 비추어 얼마나 최선을 다해 수행했느냐에 초점을 두는 평가다. 능력지향평가는 학습자 개인의 능력 수준과 수행 결과를 비교하여 최대한의 능력을 발휘하도록 하는 데 주안점을 둔 평가다. 이와 같은 유형의 평가에서는 다음 두 가지 질문이 제기될 수 있다. 하나는 '평가 결과가 그 학습자가 지닌 능력을 최대한 발휘한 것인가?'라는 것이고, 다른 하나는 '시간이 충분히 있었다면 더 잘할 수 있었는가?'라는 질문이다(Oosterhof, 2002).

예를 들어, A라는 학습자는 우수한 능력을 지녔음에도 수행에 최선을 다하지 않아서 80점을 받았고, B라는 학습자는 능력이 부족하지만 수행에 최선을 다해 75점을 받았다면, 누구를 우수하다고 판단하는 것이 학습태도를 바람직한 방향으로 유도하는 데 도움이 될 것인가? 만약 규준지향평가나 준거지향평가를 실시한다면, 학습자 A가 학습자 B

보다 항상 좋은 평가를 받게 되므로 능력이 우수한 학습자 A는 자만하여 나태해질 수 있다. 반면에 학습자 B는 열심히 최선을 다했음에도 상대적으로 낮은 평가를 받게 되므로 의욕을 잃고 포기하거나, 지속적인 학습 동기를 유지하기 어렵다.

이와 달리 능력지향평가를 실시할 경우, 학습자 B가 능력 수준에 비해 많은 노력을 기울여 좋은 결과를 얻었다면, 학습 초기의 객관적인 수행 수준은 학습자 A에 비해 낮지만 더 좋은 평가를 받게 되어 학습 동기가 유발되고 교육목표를 달성하는 데 도움이 된다. 반면에, 능력이 우수함에도 최선의 노력을 다하지 않은 학습자 A는 수행 수준 자체는 학습자 B보다 우수하지만, 능력지향평가에서는 학습자 B보다 낮은 평가를 받게 된다. 그 결과 학습자 A는 경각심을 갖게 되어 더욱 노력하게 되는 긍정적인 효과를 가져올 수 있다.

능력지향평가는 평가를 실시할 때 학습자 개인이 지니고 있는 능력을 평가 시 얼마나 잘 발휘했느냐에 관심을 두는 평가다. 따라서 모든 학습자에게 동일한 평가기준을 적용하는 것이 아니라 각 학습자 개인의 능력과 노력 수준에 따라 개별적으로 평가가 이루어진다는 특징이 있다. 한편 능력지향평가는 특정의 기능과 관련된 능력의 측정치에 의존하므로 해당 능력에 한정하여 학습자의 수행을 해석하게 된다는 한계점이 있다. 그러므로 능력지향평가는 학업성취도를 평가하는 데 적용하는 것이 바람직하다.

교육평가를 실시할 때는 평가의 목적, 평가대상, 평가 환경, 평가 결과의 활용, 평가방법의 장단점 등을 종합적으로 고려하여 적절한 평가 유형을 선택해야 한다.

참조지향에 따른 평가 유형을 종합해보면, 평가 결과의 해석에서 규준지향평가는 학습자 개인과 개인을 상호 비교하여 평가하므로 선발 같은 행정적 기능이 강조되고, 규준지향평가는 학습자 개인의 학습 결과와 특정 영역의 준거를 비교하므로 평가의 교수적 기능이 강조되며, 성장지향평가와 능력지향평가는 비교의 기준이 학습자 개인의 내적 요인에 두는 개별화된 평가이므로 교수적 기능이 강조된다.

특히, 성장지향평가는 개인을 존중하고 개별화 학습을 촉진시키기 때문에 평가의 교수 · 상담적 기능이 강조되는 교육적으로 바람직한 평가방법이라고 할 수 있다. 평가의 교수적 기능이란 평가를 통해 교수자 및 학습자에게 교육목표의 달성 정도를 확인할 수 있게 해주고, 성과에 대한 피드백을 제공하며, 학습 동기를 유발하고, 잘못된 인지구조나 학습태도를 개선하는 것을 말한다. 평가의 상담적 기능은 학습자의 정의적 행동 특성을 진단하고 개선시키는 기능을 말한다.

교육이 상급학교 진학이나 자격증을 취득하는 데 그치지 않고, 교육의 본질적 목적이 교육을 통한 능력과 행동 및 태도의 변화라는 점을 고려할 때, 평가의 교수적 · 상담적 기능이 강조되는 성장지향평가나 능력지향평가를 적극적으로 시행하는 것이 바람직하다.

하지만 성장지향평가와 능력지향평가를 실제 교육현장에서 적용하기는 쉽지 않다. 성장지향평가나 능력지향평가를 적용하기 위해 필요한 전제조건이 있는데, 그것은 학생들이 가지고 있는 능력에 대한 정보가 제공되어야 하고, 학생이 소유한 능력의 정도와 변화된 정도를 측정할 수 있는 타당도와 신뢰도가 높은 측정도구(학업성취도검사 등)가 있어야 한다.

2. 교수학습 진행에 따른 분류

교육평가는 교수학습의 진행에 따라 교육이 시작되기 전에 실시하는 진단평가, 교육이 진행되는 과정 중에 실시하는 형성평가, 그리고 교수-학습 과정을 마친 후에 실시하는 총괄평가로 구분된다.

진단평가, 형성평가, 총괄평가는 평가의 기능 측면에서도 구분된다. 진단평가는 서로 다른 능력 수준에 있는 학습자들의 출발점 행동을 평가하는 것이고, 형성평가는 교수-학습 활동을 진행하는 과정에서 학습이 제대로 이루어졌는지를 확인하기 위한 것이며, 총괄평가는 교수-학습 과정을 마친 후 학습자들의 학업성취도를 판단하기 위한 것이다.

1) 진단평가

진단평가(diagnostic evaluation)는 적절한 교수전략이나 교수법을 실행하기 위해 교수학습을 시작하기 전에 학습자가 교육목표를 달성하는 데 요구되는 능력과 기능을 갖추고 있는지를 진단하는 평가다. 진단평가는 서로 다른 능력 수준을 지닌 학습자들의 출발점 행동에 대해 평가하여 교수학습의 계획 및 진행에 활용하는 것을 목적으로 한다.

일반적으로 학습자의 지적 능력, 사전학습의 정도, 적성, 흥미, 동기, 태도, 가정환경 등을 측정한다. 우리 군의 대위 지휘참모과정이나 합동대 소령 지휘참모과정 입교 전에 교육 대상자들을 평가하는 소양평가는 진단평가의 예다.

진단평가에서 평가요인은 지적 측면과 정의적 측면으로 구분된다. 진단평가에서 평가하는 지적인 측면은 학습하는 데 필요한 선수학습의 정도와 학습결손의 유무 및 정도를 평가한다. 지적 능력을 평가함에 지능을 진단평가에 포함할 때 유의해야 할 사항은 지능은 단일성이 아닌 다양성의 특징을 지니고 있으므로 지능지수가 높다고 하여 모든 것을 잘하는 것은 아니라는 사실이다. 진단평가에서 평가되는 정의적인 측면에는 학습자의 학습 동기, 흥미, 태도, 성격, 가치관 등이 포함된다. 또한, 학습 외적인 요인으로 가정환경, 친구관계 등도 조사하여 교육하는 데 참고하기도 한다.

진단평가를 실시하는 절차는 교육의 목적과 내용에 따라 달라진다. 교육 목적과 교육과정을 고려하여 시험문제를 출제해볼 수도 있고, 전년도의 성적표를 토대로 학습자의 특성을 파악할 수도 있으며, 과목 선택의 동기 및 목적, 관련 과목의 수강 여부, 교과를 통해 얻고자 하는 내용 등을 설문지로 작성하여 평가할 수도 있다. 대학 교육과정에서는 영어, 외국어, 수학 같은 교과목의 경우 수업이 시작되기 전에 배치고사를 실시하여 해당 교과목의 수강을 면제해주거나 수준별 교반을 편성하기도 한다.

2) 형성평가

형성평가(formative evaluation)는 교수학습이 진행되고 있는 도중에 학습자 및 교수자에게 학습 진행에 대한 정보를 피드백해주고, 교육과정 및 수업방법을 개선하기 위해 실시하는 평가다. 대학의 교과교육에서 실시하는 중간고사, 퀴즈 및 수시시험, 과제를 통한 평가, 기말고사 등은 모두 형성평가에 해당한다. 이처럼 형성평가는 수업활동의 진행 과정에서 여러 차례에 걸쳐 실시되는 경향이 있다. 교수자는 형성평가를 통해 학습자의 학습이 계획대로 이루어졌는지, 예기치 못했던 문제가 발생한 것은 아닌지 등을 점검한다.

형성평가는 학습이 이루어지고 있는 과정에서 교수학습을 개선하는 데 목적이 있으므로 다음과 같은 네 가지 역할을 해야 한다(성태제, 2009).

첫째, 형성평가를 실시하면 학습자 개개인의 수행 수준이 측정되므로 개인별 능력에 맞추어 교수학습을 진행하는 학습의 개별화가 이루어져야 한다.

둘째, 형성평가 결과를 학습자들에게 적절한 방식으로 알려주어 자신의 장점과 문제점이 무엇인지를 인식하게 하는 피드백 효과가 있어야 한다.

셋째, 학습을 하는 데 어느 부분이 쉽고 어려웠는지, 특정 학습 단위에서 실패율이 높았다면 그 이유는 무엇인지 등 학습 곤란을 진단해야 한다.

넷째, 형성평가 결과를 기초로 우수자에게는 상을 수여하여 강화하고, 학습 동기를 유발해야 한다.

형성평가는 일반적으로 교수학습의 진행과정을 가장 잘 아는 교수자가 주관하여 실시된다. 또한, 평가도구를 제작할 때 학습한 내용에 비추어 난이도가 적절한 문제를 출제하여 최저 성취기준에 따라 학습의 곤란 정도를 파악하는 것이 중요하다.

3) 총괄평가

총괄평가(summative evaluation)는 교수학습이 완료된 후에 교육목표의 달성 여부를 종합적으로 판단하기 위해 실시하는 평가를 말한다. 일반적으로 학기말이나 학년말에 평가를 실시하여 학습자들의 학업성취도를 파악하는 평가다. 성적표에 제시되는 서열이나 학점, 합격 및 불합격 여부 등이 총괄평가의 예다.

총괄평가를 하는 목적은 성취 수준의 도달 여부를 판정하여 서열 또는 학점 부여, 자격증 부여, 집단 간 비교, 프로그램 시행 여부 결정, 책무성 부여 등이다. 형성평가는 수업의 전 과정에 초점을 두는 반면, 총괄평가는 수업의 결과에 초점을 둔다. 그러므로 총괄평가는 주로 학기 초에 계획했던 수업목표에 비추어 학습자들이 학습목표를 달성한 정도를 파악하여 상대적인 등급을 매기거나 성적을 산출한다.

진단평가, 형성평가, 총괄평가는 비형식적이거나 형식적인 형태로 이루어진다. 진단평가와 형성평가는 비형식적으로 실시되는 경우가 적지 않으며, 총괄평가는 일반적으로 형식적 평가에 의해 이루어진다. 형

〈표 10-2〉 진단평가, 형성평가, 총괄평가의 비교

구분	진단평가	형성평가	총괄평가
시기	• 교수-학습 활동 시작 전	• 교수-학습 활동 진행 중	• 교수-학습 활동 완료 후
목적	• 학습준비도 확인 • 적절한 교수 투입	• 교수-학습 진행의 적절성 • 교수전략 개선	• 학업성취도 판정 자격 부여
평가 기준	• 절대기준평가(상대평가 혼용)	• 절대기준평가	• 절대기준평가 및 상대평가
평가 방법	• 비형식적 · 형식적 평가	• 수시평가(형식적, 비형식적)	• 형식적 평가
평가 대상	• 학습의 준비도	• 학습의 수행과정	• 학습의 수행 결과
평가 주체	• 교수자, 교육내용 전문가	• 교수자	• 교육내용 전문가 • 평가 전문가

출처: 성태제(2002: 66); 강현석 · 주동범(2004: 322)

성평가는 해당 교과목 교육을 담당하는 교수자나 교육담당자들에 의해 실시되지만, 총괄평가는 교육내용 전문가와 교육평가 전문가에 의해 실시되는 경우가 많다. 진단평가, 형성평가, 총괄평가는 평가의 목적에 따라 준거지향평가나 규준지향평가가 실시되며, 일반적으로 형성평가는 준거지향평가를 실시한다.

제3절

교육목표 및 영역별 평가방법

교육목표의 분류학은 교육자 사이의 의사소통을 명확하고 원활하게 하는 데 기여했으며, 교육목표를 학습자의 행동으로 표현하여 관찰 가능한 목표행동을 제시함으로써 교육평가에서 교육목표의 성취 여부를 판단하는 데 기여했다. 블룸(B. Bloom) 등은 교육과정 및 교육평가 연구를 통해 학교교육의 상황에서 추구되는 교육목표의 분류를 인지적 영역(cognitive domain), 정의적 영역(affective domain), 심동적 영역(psychomotordomain, 운동기능적 영역)으로 대별했다(서울대학교 교육연구소, 1995; 한국교육심리학회, 2000).

학교교육 현장에서 이루어지는 학습목표 영역별 평가방법에 대해 살펴본다.

1. 인지적 영역의 평가

인지적 영역은 외적 환경요소나 대상을 수용하여 인간 내적인 요소와 상호작용을 통해 발달해가는 정신능력을 총칭하는 인간행동의 한 측면이다. 인지적 영역은 지식을 획득하고 사용하는 방식과 관련된 정신능력이며, 지식, 이해력, 적용력, 분석력, 종합력, 문제해결력, 논리적 사고력, 비판적 사고력, 창의력, 평가능력 등과 같이 하위정신기능부터 고등정신기능까지 정신능력에 해당하는 모든 지적 행동 특성을 포함한다.

인지적 영역은 지식 획득과정의 난이도와 복잡성의 수준에 따라 지식, 이해, 적용, 분석, 종합, 평가의 여섯 단계로 분류되며, 후자로 갈수록 고등 정신능력에 속한다.

① '지식'은 정보를 인지하고 기억하여 회상해내는 심리적인 과정이며, 이해와 더불어 가장 기초적인 지적 기능이다. 이는 다음 단계의 지적 기능이 작동되는 토대가 된다. 주로 '정의하라', '나열하라', '연결하라', '분류하라', '서술하라' 등을 요구하여 평가한다.

② '이해'는 가장 큰 범위의 지적 능력을 포괄하는 것으로서 언어의 상징적 표현 등 의사소통 수단을 통해 새로운 정보와 이면의 아이디어를 파악하는 것이다. 주로 '추론하라', '설명하라', '구분하라', '요약하라' 등을 요구하여 평가한다.

③ '적용'은 이미 습득하거나 배운 내용을 새로운 상황이나 문제에 사용할 줄 아는 능력으로 '문제해결력'이라고도 한다. '이해'가 이전의 경험을 중심으로 새롭게 배운 내용을 재구성하는 것

이라면, '적용'은 이전에 학습한 내용을 새로운 사태에 적용하여 아직 알려지지 않은 사실이나 현상을 예측하는 능력이다. 주로 '수정하라', '연관시켜라', '계산하라', '변환하라' 등을 요구하여 평가한다.

④ '분석'은 새롭게 주어진 자료나 문제를 하위 요소나 부분들로 분해하여 살펴보고 그러한 요소들이 전체로서 구성되는 원리나 방법을 찾아낼 수 있는 능력이다. 주로 '분류하라', '구별하라', '예를 들어라', '요점을 기술하라' 등을 요구하여 평가한다.

⑤ '종합'은 1차적으로 새로운 지식구조의 창출과 관련된 행동이며, 요소와 부분들을 조합하여 전체를 새롭게 형성하는 것으로, 창의성과 유사한 능력으로 간주된다. 주로 '범주화하라', '공식화하라', '예측하라', '창조하라' 등을 요구하여 평가한다.

⑥ '평가'는 특정한 목적을 가지고 아이디어, 작품, 해결책, 방법, 자료의 가치를 판단하는 능력이다. 주로 '비판하라', '비교하라', '정의하라', '판단하라' 등을 요구하여 평가한다.

이와 같이 인지적 영역의 평가는 학습자의 표현력, 사고력, 종합력, 창의력 등을 측정하는 것으로, 평가 유형은 객관형 평가와 논문형 평가로 구분할 수 있다(강영삼 외, 2008).

첫째, 객관형 평가는 진위형, 선다형, 완성형, 단답형, 배합형 등이 있다. 진위형은 어떤 문장의 진술이 맞는가, 틀리는가를 판단하게 하는 형식의 문제다. 선다형은 한 문항에 답지를 둘 이상 제공하여 그중 정답을 선택하게 하는 문제다. 완성형은 문장 일부를 비워놓고 괄호 속에 적당한 단어와 어구를 기입하여 그 문장을 완성하는 형식의 문제다. 단답형은 질문에 대해 간단한 대답을 하도록 하는 형식의 문제다. 배합형은 전제와 답지를 많이 만들어 양쪽의 계열에서 서로 관계가 있는 것끼리 선을 그어 묶게 하는 형식의 문제다. 즉, 좌우 또는 상하에 두 줄로 몇 개 사항을 배열하여 관계가 있는 것끼리 선으로 연결하게 하거나 번호를 표시하게 하는 형식의 문제다.

둘째, 논문형 평가는 문제를 제시하고 '알고 있는 내용을 쓰라', '설명하라', '논의하라', '비교하라', '요약하라', '비판하라' 등의 형태로 주어지며, 문제에 대해 자유롭게 답안을 서술하는 평가방법이다. 논문형 평가의 장점은 정신기능을 측정하는 데 유용하며, 반응의 자유도가 높고, 문항 제작에 시간과 노력이 절약된다. 반면에 논문형 평가의 단점은 채점자의 주관이 개입될 소지가 많기 때문에 채점의 객관도와 신뢰도가 부족하고, 채점하는 데 시간과 노력이 많이 소요된다. 또한, 문항의 표본이 한정되어 학습내용을 전반적으로 포함하는 포괄도가 상대적으로 낮다. 예를 들어, 문제와 관련된 특정 부분을 공부하지 않았거나 확실히 알지 못하는 학습자는 답을 전혀 하지 못할 수 있다.

2. 정의적 영역의 평가

정의적 영역은 인간의 흥미, 태도, 가치관, 정서, 감정, 신념 등에 관련되는 교육목표의 영역이다. 이 영역은 어떤 일에 단순히 주의를 기울이는 것에서부터 복잡하면서도 내면적으로 일관성 있는 인격과 양심에 이르기까지 넓은 범위에 걸쳐 있다.

대학입시를 결정하는 핵심은 학업능력이기 때문에 중 · 고등학교

교육에서는 인지적인 영역의 평가만을 강조하는 것이 일반적이지만, 교수자는 학습자의 정의적 행동 특성인 자아개념, 학습태도, 동기, 적성, 불안 등에 대해 잘 알고 있어야 교수학습의 성과를 극대화하는 데 도움이 된다.

불룸 등은 정서적 영역의 목표를 다음과 같이 감수, 반응, 가치화, 조직화, 가치 또는 가치 복합에 의한 인격화 등으로 분류했다(서울대학교 교육연구소, 1995).

① 감수(receiving)는 학습자가 현상과 자극을 받아들이려고 하거나 또는 그것에 주의를 기울이거나 관심을 두는 것을 말하며, 감지, 자진감수, 주의집중이 이에 속한다.

② 반응(responding)은 단순히 주의를 기울이는 것 이상의 반응을 말하며, 묵종반응, 자진반응, 만족이 이에 속한다.

③ 가치화(valuing)는 통상적인 의미의 가치와 같은 뜻으로 쓰인다. 즉, "한 사물이나 현상 또는 행동이 가치가 있다"라는 의미로 쓰이며, 가치수용, 가치채택, 확신이 이에 속한다.

④ 조직화(organization)는 학습자가 여러 가치를 내면화함에 따라 하나 이상의 가치가 관련되는 사태에 당면하게 될 때 여러 가치를 하나의 가치로 체계화하고 조직화하며 상호관계를 살피고 지배적 가치를 정하는 것을 말하는데, 가치의 개념화, 가치체계의 조직화가 이에 속한다.

⑤ 가치(value) 또는 가치 복합(value complex)에 의한 인격화(characterization)는 가치가 내면화되어 행동으로 일관되게 표출하게 하는 영역이며, 일반화된 행동태세와 인격화가 이에 속한다. 교

> 육 측정 및 평가의 관점에서 볼 때, 정의적 영역의 평가는 인지적 영역에 비해 평가의 대상이 되는 행동특성의 개념이 모호하고 평가방법도 불분명하다. 따라서 정의적 영역의 평가는 타당도, 신뢰도, 객관도가 상대적으로 낮고, 측정과 평가가 쉽지 않다.

예를 들어, '도덕성'을 평가한다고 할 때, 도덕성이 무엇이며, 어떻게 측정할 것인가에 대해 합의를 도출하기가 쉽지 않다. 또한, 타당한 검사가 제작되었다 하더라도 피검자들이 측정의 목적을 인지하고 의도적으로 반응할 수 있으므로 신뢰도가 높은 결과를 얻기가 어렵다.

정의적 행동 특성을 측정할 때 고려해야 할 사항은 다음과 같다(성태제, 2009). 첫째, 정의적 행동 특성은 내재적 행동이나 비가시적 심리 기제가 작용할 가능성이 크다. 즉, 어떤 정의적 행동 특성을 측정할 때 그 특성과 관련된 잠재적 특성이나 다른 특성이 영향을 미칠 수 있다.

둘째, 어떤 정의적 특성을 소유한 사람이 어떤 행동을 할 것인지, 어떤 행동을 하지 않을 것인지를 고려해야 한다. 예를 들어, 조직에 대한 충성심이 투철한 사람이 특정 상황에서 어떤 행동을 하고 어떤 행동을 하지 않을 것인지를 알아야 한다.

셋째, 개인평가를 할 것인지, 집단평가를 할 것인지를 고려해야 한다. 어떤 정의적 행동 특성은 개인으로 있을 때와 집단의 일원으로 있을 때 표출되는 양상이 다를 수 있다.

넷째, 반응의 경향성으로서 가치중립적으로 반응할 것인지(가치중립화 반응), 허위로 반응할 것인지(허위반응)를 고려해야 한다. 가치중립화 반응은 어떤 태도나 가치관을 물을 때 자신의 의사를 표현함으로써 초래될 수 있는 영향을 고려하여 중립적인 반응을 하는 것을 말한다. 허위반응이란 평가의 목적을 인지하고 의도적으로 좋은 결과를 얻으려는 반응을 말한다. 예를 들어, 생도선발 같은 면접시험에서는 수험생이 합격하려는 마음으로 질문의 의도를 고려하여 좋은 결과를 얻는 쪽으로 반응할 수 있다.

이와 같은 어려움에도 정의적 영역의 평가는 교육현장에서 그 필요성이 강조되고 있으며 더욱 정교한 평가기술의 개발이 요구되고 있는데, 주로 사용되고 있는 평가방법은 질문지법, 평정법, 관찰법, 면접법 등이 사용된다(성태제, 2008; 강영삼 외, 2008).

질문지법은 구체적인 질문지를 제시하고 응답자가 질문지를 읽고 응답을 직접 기록하는 자기보고 형식의 평가방법으로, 자유반응형, 선택형, 유목분류형, 등위형 등이 있다. 자유반응형은 질문에 자유롭게 응답하는 측정방법으로 '당신이 중요시하는 가치는 무엇이며, 그 이유는 무엇인가?' 같은 방식이다. 선택형은 주어진 질문에 제시된 선택지 중 해당하는 것을 고르는 질문 형식이다. 유목분류형은 질문에 대해 분류된 항목으로 응답하는 방식이다. 예를 들어, '특정 상황에서 해야 할 일과 하지 말아야 할 일을 구분하라'라든가, '특정 작전임무 수행 시 중대장이 해야 할 일을 구분하라' 같은 질문 방식이다. 등위형은 질문에 근거하여 나열한 선택지 중에서 중요한 순서로 나열하라는 방식의 질문이다.

평정법은 측정 대상에 판단의 연속적 개념을 부여하는 측정방법으로 측정하려는 정의적 특징을 정도에 따라 여러 단계로 분류하여 선택하게 하는 질문 형태다. 일반적으로 평정법에는 리커트(Likert) 척도가 많이 사용되는데, 질문지에 대한 응답을 3단계, 5단계, 7단계 또는 9단계로 제시하고 선택하게 한다. 예를 들어, 정의적 행동 특성에 대한 질문에 대해 응답을 매우 반대-반대-그저 그렇다-찬성-매우 찬성 중 하나를 선택하도록 하는 방식이다.

평정법을 사용할 때 유의해야 할 사항은 특성의 양극단에 대한 개념을 확실히 해야 하고, 측정치를 수량화할 수 있어야 한다. 평정법은 측정도구의 작성과 자료분석이 용이하다는 장점이 있는 반면, 중립화 응답 경향이 있고 개인마다 다른 기준에 따라 응답할 수 있기 때문에 해석에 주의해야 한다는 한계점이 있다. 관찰법은 질문지법이 가지고 있는 가치중립화 반응이나 허위반응의 제한점을 극복하기 위해 시각과 청각 등 조사자의 감각을 통해 직접적으로 조사하거나 관찰하여 평가하는 방식이다. 행동 장면의 통제 여부에 따라 통제적 관찰과 비통제적 관찰, 관찰의 조직화 여부에 따라 자연적인 관찰과 조직적인 관찰로 구분된다.

관찰기록의 종류에는 사실을 그대로 기록하는 일화기록법, 점검표에 의해 기록하는 체크리스트법, 또는 비디오 및 오디오 기록법 등이 있다. 관찰법에서 자료를 기록할 때 주의할 점은 기록된 자료의 활용을 염두에 두고 기록해야 하고, 기록을 수량화할 수 있도록 기록해야 하며, 관찰 즉시 기록해야 한다는 점이다.

관찰법을 사용하여 정의적 행동 특성을 기록할 때 유의할 사항은 관찰을 계획적으로 해야 하고, 평가자의 주관이 개입되지 않도록 객관적인 관찰을 해야 하며, 상황을 고려하여 변화의 추세를 파악해야 한다는 점이다.

관찰법의 장점은 질문지법이나 평정법에서는 파악할 수 없는 행동변화를 측정할 수 있고, 가치중립화 반응이나 허위반응을 어느 정도 방지할 수 있다는 점이다. 반면에 단점은 점수화하는 데 한계가 있고,

주관적인 판단을 내릴 수 있다는 점이다. 면접법은 조사 대상자와 직접 대화를 실시하여 필요한 자료를 수집하는 평가방법이다.

3. 심동적 영역의 평가

심동적 영역은 신체적 능력과 기능을 발달시키는 것과 연관되며, 근육의 발달과 사용 및 신체의 운동을 조절하는 능력에 관한 인간의 행동을 지칭한다. 즉, 인간의 조작적 기능, 운동기능, 신경근육의 발달 정도나 숙련 정도, 신체의 운동기능을 사용하고 조절하는 능력과 관련된 행동능력을 의미한다. 신체와 관련된 대부분의 운동기능 및 신경근육과 관련된 기능 및 지각활동 등이 모두 여기에 포함된다(한국교육평가학회, 2004).

심동적 영역의 평가는 지각, 태세, 인도된 반응, 기계화, 복합적 외현 반응 등 비교적 복잡한 동작을 최소한의 노력과 시간으로 아주 자연스럽고 효과적으로 표현하는 것을 말한다.

심동적 영역의 평가는 또한 반사적 운동, 초보적 기초 동작, 운동지각능력, 신체적 기능, 숙련된 운동기능으로 구분하기도 한다. 반사적 운동은 한 개인의 의사와 관계없이 나타나는 동작이고, 초보적 기초 동작은 반사운동의 통합으로 이루어지는 것이며, 운동지각능력은 시각적 · 청각적 · 촉각적 자극을 해석하고 환경에 대한 운동을 조정하는 기능이다. 신체적 기능은 계속적인 체력과 근육운동 들의 통합으로 이루어지는 기능을 말하며, 숙련된 운동기능은 복잡한 운동기능을 실천하는 데 나타나는 능률성과 우아성 및 숙련성의 정도를 말한다.

제4절

군 학교교육평가의 실제

1. 교육평가의 실제

교육평가를 실시하는 목적은 교육생이 주도적 · 창의적으로 문제를 해결할 수 있는 능력을 구비시키고 교육생이 자발적으로 교육에 참여할 수 있도록 분위기를 조성하고 동기를 유발하는 데 있다. 그리고 교육목표(효과) 달성 여부를 평가하여 차기 교육에 반영하고, 우수인재를 식별하여 활용하는 데 있다. 기존에는 교관 주도하에 이론 위주 주입식 강의와 획일적인 답안을 요구하는 정형화된 토의 및 평가방법으로 교육생으로부터 창의적인 답안을 이끌어내지 못하는 구조적인 문제점을 가지고 있었다.

낙후된 강의 시설과 과밀 학급편성 등은 학생 중심의 참여형 교육을 제한했으며, 교관 중심의 통합강의, 편의 위주 평가로 교육생의 창의성 개발을 저해해왔다. 특히, 학습활동 평가보다 요약 · 정규평가 비율이 높아 수업시간에 다음에 있을 평가를 준비함으로써 기존 토의안을 모방하여 제출하거나 발표하는 등 학습 분위기를 저해했다. 또한, 완성 · 기술형의 단순 암기식 요약평가, 학교 측 안을 기준으로 채점하는 정규평가는 정답 때리기식 평가 분위기 조성의 원인이 되었다.

이러한 줄세우기식 상대평가로 인해 교육생은 '타 교육생보다 잘해야 한다', '학교 측 안(案)대로 작성해야 한다', '진급 및 장기(연장) 등에 크게 영향을 미치므로 좋은 성적을 받아야 한다'라는 강박관념으로 문제를 창의적으로 해결할 수 있는 능력을 구비하기에 제한된 실정이었다. 이에 군에서는 교육평가 유형과 방법에 대한 개선안을 제시하여 적용하고 있다.

2. 유형별 교육평가의 개념 정립

군에서는 양성교육 후 즉각 전투력을 발휘할 수 있도록 '싸우는 방법=평가 방법=훈련 방법'을 일치시키고 양성과정은 상대평가, 보수과정은 절대평가를 적용하기로 했다. 개인, 과목(과제), 과정 평가지표를 활용하여 평가하되, 결과를 분석하여 교육소요를 도출하고 교육내용과 방법의 최적화를 추진 중에 있다. 또한, 장교 대위 지휘참모과정과 육군대학은 교육평정을 실시한다.

교육내용 평가는 교육목표(효과)를 달성할 수 있도록 학습활동 위주로 평가하되, 소양평가, 종합평가, 훈육평가, 자격인증평가 등을 종합적으로 실시한다. 소양평가는 입교 전 원격교육과 연계하여 개인연구 분위기를 조성하기 위해 입교 시 평가하는 것으로 개인수준을 파악하여 학급 · 조 편성과 학습진행방법을 결정하는 데 활용한다.

학습활동평가는 요약평가, 과제물 평가, 토의 및 실습평가로 구분되고 과정의 90~95%의 배점을 반영한다. 요약평가는 선행 및 후행 평가로 구분된다. 선행평가는 자율학습을 유도하기 위해, 후행평가는 학습성과 및 집중도를 제고하기 위해 실시한다. 복합상황 조치능력, 전술적 사고, 창의성을 배양하기 위해 복합상황을 부여하여 문제를 해결할 수 있도록 질문법, 지면평가법 등을 활용하여 평가하되 진위 · 선택 · 단답형 등 단순 암기식 평가는 지양한다.

과제물 평가는 과목 및 과제와 관련하여 자습교육으로 대체할 필요가 있거나 이론 및 교리에 대해 학습 전 이해가 필요할 경우 실시한다. 상황을 부여하여 문제를 해결하거나 특정 주제에 대한 연구보고서 작성 등 다양한 방법을 적용한다. 토의 및 실습 간에 교육생의 발표 및 주장에 대한 창의성, 논리성, 참여도, 실행 가능성 등의 요소를 기준으로 평가한다. 또한, 전술훈련, 장비조작, 교관화 평가 등은 개인 또는 조의 숙달 정도 등을 기준으로 평가한다. 주로 질의응답 또는 관찰식으로 평가한다.

종합평가는 교육 종료 전에 과정별 직무수행에 요구되는 능력을 배양하기 위해 종합적인 사고와 창의성, 응용력이 요구되는 핵심과목 위주로 실시한다. 단편적인 평가가 아닌 상호연관 및 보완이 요구되는 과목을 종합하여 실습방식에 의한 복습 차원의 평가다. 이는 전술종합훈련, 전투지휘훈련 등 전술훈련과 연계하거나 별도의 종합평가 또는 지면 · 실습 · 구술평가 등을 실시한다. 단, 장교 및 부사관은 임관종합평가로 대체한다.

훈육평가는 올바른 군인으로서 자질과 인성, 강인한 체력, 육성지휘 능력을 배양하기 위해 실시하는 평가다. 전 과정을 대상으로 평가를 실시하되 교육성적에 반영하지 않고(단, 양성과정은 학교장 위임), 훈육통제, 교육평정표 및 관찰기록부를 작성하거나 교육운영위원회 및 표창 심의 시 반영한다. 특히, 양성과정에서 학교운영위원회 심의 시 임관종합평가, 훈육평가 등 교육능력과 자질을 면밀히 분석하여 부적격자는 임관을 제외한다.

<표 10-3> 유형별 평가의 개념 및 목적

구분		개념 및 목적	비고
소양 평가		• 입교 전 원격교육과 연계 개인연구 분위기 조성 • 개인수준을 파악하여 학습 조 편성, 학습 진행방법 결정에 활용	원격교육과 연계 평가(입교 시)
학습 활동 평가	요약 평가	• 선행평가: 자율학습(예습) 유도 • 후행평가: 학습성과 및 집중도 제고	
	과제물 평가	• 과목/과제와 관련 자습교육으로 대체 필요한 분야 학습 유도	
	실습 평가	• 핵심과목 및 과제 위주로 평가(전투임무) • 화기 · 장비 이용한 개인(조)별 실기능력 구비 • 발표 · 토의를 통해 학습효과 증진 및 논리적 사고와 창의력 개발	전 과정
종합 평가		• 단편적 실기평가가 아닌 상호 연관 및 보완이 필요한 과목은 종합하여 실습방식에 의한 문제해결능력 위주 평가(과정 정리 성격의 평가)	필수보수 과정 평가/임관 종합평가
훈육 평가		• 투철한 군인정신, 훈육지도 능력 배양	학교장 재량
자격인증 평가		• 야전에서 필요로 하는 능력을 배양하고 스스로 공부하는 면학 분위기 조성 • 인증과목: 과정 특성 고려 2~3개 과목(학교별 특성 고려 선정)	전 과정

*출처: 육군본부 학교교육지시(2020: 3-12)

양성과정은 과목별 교육목표 달성 여부를 개인별로 상대평가하되, 합격기준은 70%를 설정한다. 과목 불합격 시 정과 및 과외시간을 활용하여 보충교육 및 재평가를 실시한다. 교육성적 등급은 상(서열 40% 이내), 중상(서열 41~80%), 중(서열 80% 미만)으로 구분한다.

장교 및 부사관 양성과정은 개인화기, 제식, 정신전력, 독도법, 체력단련, 분대전투 등 6개 과목에 대한 임관종합평가를 실시한다. 교육사 예하 임관종합평가단을 편성하여 전담으로 평가하고, 육사 및 3사는 학교장에게 위임하되, 임관종합평가단이 확인감독한다. 평가 결과 불합격자는 학교교육운영위원회에 회부하여 임관 여부를 결정한다.

학교교육체계 개선과 연계, 교육성과 및 역량(창의성, 주도성 등)을 종합적으로 평가하여 우수인재를 식별하기 위해 대위 지휘참모과정, 육군대학을 대상으로 교육평정을 실시한다. 자기주도학습 유도, 점수에 의한 서열화 교육 탈피가 가능토록 교육성적은 인사관리에 미치는 영향을 최소화하기 위해 합격 · 불합격 결과를 잠재역량에 반영하고, 관찰평가는 품성/자질(30%), 학습활동(40%), 군사전문성/직무역량(30%)별 가중치를 부여하여 진급심사 시 참고한다. 관찰평가 요소 중 품성/자질은 절대평가, 학습활동 및 군사전문성/직무역량은 상대평가한다.

제11장
군 학교교육 발전방향

개요

이 장에서는 최근 교육 패러다임의 변화에 부응하도록 발전시키기 위해 각급 학교기관 및 부대에서 교육을 담당하는 교수자들과 공감하기 위한 몇 가지 주제를 선정했다. 제1절에서는 야전과 연계된 학교교육을 강조하고, 제2절에서는 요망수준 성과측정기준 재정립을 살펴보며, 제3절에서는 플립러닝 학습여건 및 방법 개선에 대해 고찰하고, 제4절에서는 군무원 교육체계 개선에 대해 살펴보았다.

학습내용

제1절 야전과 연계된 학교교육
제2절 요망수준 성과측정기준 재정립
제3절 플립러닝 학습여건 및 방법 개선
제4절 군무원 교육체계 개선

제1절

야전과 연계된 학교교육

부대훈련은 부여된 임무를 달성하기 위해 훈련과목 및 과제를 반복 숙달함으로써 연중 균형 잡힌 전투준비태세를 유지하는 것이며, 학교교육은 부대 배치 후 전투력 발휘가 가능하도록 임무수행에 필요한 지식과 전투기술을 숙지하고 숙달시켜 야전에 배출하는 것이다. 그러므로 학교교육의 모든 소요는 야전부대로부터 비롯된다.

수요자 중심의 맞춤형 교육에서 수요자는 야전부대다. 그러므로 야전부대에 꼭 필요한 간부 및 병을 육성하는 것이 학교교육 본연의 임무다. 학교교육의 환류 여부는 야전부대의 전투력 유지에 심대한 영향을 미치므로 학교 및 교육기관에서 배출되는 장병들이 야전부대에서 요구되는 직무능력을 구비함으로써 즉각 전투력을 발휘하도록 해야 한다.

학교교육의 환류란 국방부로부터 육군본부-야전군-학교 및 교육기관이 상호 지시 · 보고하고, 입교 · 배출 등의 활동이 유기적으로 연결되는 것을 말한다.

국방부에서는 교육훈련 전반에 대한 정책발전과 지침을 하달하고,

육군본부에서는 교육훈련정책과 교육훈련 소요제기를 종합해서 교육사령부로 하달한다. 교육사와 학교 및 교육기관에서는 운영위원회를 통해 교육과정에 반영 여부를 심의하고, 그 결과를 교육과정에 반영하여 시행한다. 이러한 과정에서 야전부대에서도 육군본부와 해당 병과학교를 통해 교육훈련 소요제기를 하거나 제시하는 등 연중 지속적으로 교육과정에 관심을 가져야 한다.

육군에서는 그간 야전과 연계한 학교교육 발전을 위해 많은 노력을 해왔다. 특히, 2012년도에는 교육훈련 성과분석과 야전부대 의견 수렴 결과, 초급 간부들이 야전부대에 전입 후 임무수행과정에서 야전 실무능력과 군대예절, 군인기본자세, 육성지휘 등이 일부 미흡하다고 분석되었다. 이에 교육사에서는 『지휘훈육』이라는 교육 참고교재를 발간하여 학교 및 야전부대에 배부하여 참고교재로 활용함으로써 지휘훈육 분야에 많은 발전을 거두고 있다.

이 외에도 2012년 발생한 일명 '노크 귀순' 사건 이후 상황보고 및 조치와 관련된 소요가 발생하여 『상황보고 및 조치』 교재를 발간하여 학교교육에 반영하고 야전에서도 활용하고 있다. 추가로 '전장리더십', '도시지역작전 훈련' 등도 학교교육에 반영하여 교육을 시행하는 중이다.

이처럼 야전부대와 연계하여 학교교육이 수요자 중심으로 검토가 간간이 이루어져왔지만, 4차 산업혁명 도래에 따른 간부들의 전문성 향상을 위해 학교교육에서의 관련 과목 체계는 재정립이 필요하다.

또한, 야전부대 소요에 의해 신설된 과목이 학교기관(부대)장의 성향에 따라 교과목이 바뀌는 것은 더욱 엄격하게 통제할 필요가 있다. 물론 각 학교기관에서는 교육운영위원회를 통해 심도 있는 검토를 하고 과목 조정이 이루어지고 있으나, 학교기관(부대)장 지침을 간과할 수 없는 실정이다. 따라서 현재 각 학교에서 운영하고 있는 교육운영위원회에 대한 교육사의 컨트롤타워 역할을 강화하여 야전소요에 의해 추가된 교과목들이 쉽게 바꿀 수 없는 시스템 강화가 필요하다.

제2절

요망수준 성과측정기준 재정립

1. 요망수준 재정립

군 학교교육 교관지침서(육군본부, 2018)에서 “교관 임무수행의 기본은 학교교육관리를 바탕으로 이루어지며, 학교교육관리는 가용 자원, 즉 인원, 장비 및 물자, 시설, 예산, 시간 등을 효율적이고 합리적으로 활용하여 학교교육 목표를 달성하기 위해 실시하는 조직적 활동 또는 과정”으로 정의하고 있다. 학교교육관리 절차는 〈그림 11-1〉과 같이 계획, 준비, 실시 및 평가 단계로 구성되며, 이러한 단계별 절차 순으로 교관의 임무가 수행된다고 강조하고 있다.

교육목표 달성을 위한 학교교육관리 절차

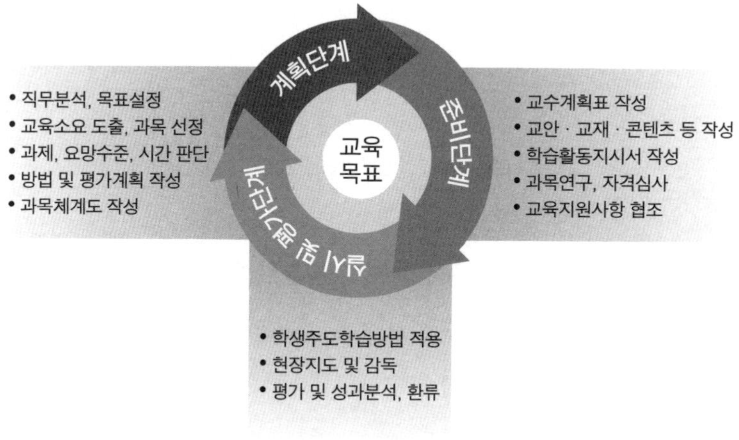

〈그림 11-1〉 학교교육관리 절차

여기서 교육계획은 교육목표를 효과적으로 달성하기 위해 과정별 교육지침, 교과 및 학급편성을 제공하는 것으로, 과목별 과제 도출, 요망수준 설정 및 교육시간 판단도 이루어진다.

과목별 과제 도출은 과목목표를 달성할 수 있도록 도출하는데, 도출과정은 다음과 같다.

먼저 학교에서 과정에 대한 직무분석 경과를 기초로 과목에 해당하는 과제분류 및 실질적인 교육내용을 선정[7]하고, 분류된 과제를 아래 〈표 11-1〉과 같이 분석기준에 맞추어 도출한다.

---

7 교육내용 선정 원리는 첫째, 동기유발의 원리(학습내용 또는 경험이 학습동기를 유발할 수 있는 내용), 둘째, 기회의 원리(교육목표 달성을 위해 학생들이 직접 해볼 기회), 셋째, 가능성의 원리(실제로 달성 가능한 학습내용), 넷째, 동일 경험 다목적의 원리(하나의 경험을 통해 가능하면 많은 목표 달성), 다섯째, 동일 목적 다경험의 원리(어떤 교육목적을 달성하기 위한 방법이 가능한 한 많을수록 좋다)를 적용해야 한다(최규린 공저, 『교육훈련』, 양서각, 2013).

〈표 11-1〉 교육과제 도출 기준

구분	내용
중요도	교육생이 교육 수료 후 그 과제(과업)를 제대로 수행하지 못했을 때 얼마나 큰 문제가 생기는가에 따른 판단
난이도	교육생이 교육 수료 후 과제(과업)를 수행하는 데 어려운 정도
빈도	교육생이 해당 과제(과업)를 수행하는 빈도

한편, 과제별 요망수준은 과제의 중요도와 교육에 소요되는 시간을 고려하여 중점을 구현할 수 있도록 가시화하여 성과측정이 가능하도록 아래 〈표 11-2〉와 같이 설정한다.

〈표 11-2〉 성과측정 기준

구분	성과측정 기준	요망수준(%)
이해	• 생각하고 실행할 수 있는 능력 • 주제에 대한 지식을 가지고 판단할 수 있는 능력	70
숙지	• 알고 있어야 하며, 원칙대로 시행할 수 있는 수준 • 특정 주제에 대해 충분히 알고 있는 수준	80
숙달	• 즉각 임무를 수행할 수 있는 수준 • 관련 내용을 완전하게 이해하여 통제할 수 있는 수준	90
구비	• 빠진 것 없이 모두 갖춤	-
배양	• 사람을 가르쳐 실력을 키움	-

위 〈표 11-2〉와 같이 이해 · 숙지 · 숙달 수준의 용어는 '이론'과 '행동' 분야를 모두 망라하는 의미로 사용되고 있다.

군에서의 모든 교육은 최종적으로 행동화를 목표로 하고, 최상위 수준의 요망수준은 '숙달'이다. 따라서 아래 〈표 11-3〉과 같이 이론과 행동 분야를 모두 포함하는 3단계 수준으로 구분하여 제시한 일반적인 지침으로 이해하는 것이 타당하다.

〈표 11-3〉 성과측정 기준(안)

구분	이해	숙지	숙달
한자	理: 다스릴 리 解: 깨달을 해	熟: 익을 숙 知: 알 지	熟: 익을 숙 達: 통달할 달
사전적 의미	사리를 분별하여 해석함. 말이나 글의 뜻을 깨달아 앎	익히 앎, 충분히 앎	익숙하고 통달함
이론적 영역	제시된 이론의 원리와 이치를 깨달음	제시된 이론을 모두 알고 있음	제시된 이론뿐만 아니라 이를 응용해 다른 유사 이론의 이치를 스스로 깨우치고 주장할 수 있음
행동적 영역	행동의 이유와 필요성, 방법을 깨달음 * 정확한 행동을 위해서는 지도자가 필요한 단계	행동을 절차에 의해 정확하게 실천 * 지도자 없이 스스로 행동할 수 있는 단계	행동을 능수능란하고 조건반사적으로 실천 * 유사 상황에 대해 능동적으로 대처할 수 있는 단계
비고	생각하고	말하고	행동

이처럼 이론과 행동 분야 영역의 모호성으로 인해 지식습득과제와 행동화 실습과제를 구분하여 요망수준 설정이 재정립되어야 한다. 블룸 등은 교육과정 및 교육평가 연구를 통해 학교교육 상황에서 추구되는 교육목표분류를 인지적 영역, 정의적 영역, 심동적 영역으로 대별했다(서울대학교 교육연구소, 1995; 한국교육심리학회, 2000). 이를 교육학 이론과 연계성을 갖고 살펴보면 다음 〈표 11-4〉와 같다.

〈표 11-4〉 교육학 이론과 연계성 검토(안)

구분		내용	비고
인지적 영역 (지식의 영역)	① 지식	• 지식 그 자체(현상이나 사실)	단순 ↔ 복잡
	② 이해	• 전달된 지식을 받아들이는 것	
	③ 적용	• 이해한 지식을 일반적 상황에 응용	

구분		내용	비고
인지적 영역 (지식의 영역)	④ 분석	• 어떤 사실이나 현상을 구성요소로 분해 • 요소 간의 관계와 조직된 방법을 발견하는 능력	단순 ↔ 복잡
	⑤ 종합	• 여러 개의 요소나 부분을 하나로 묶는 지적 능력 • 나열된 사실을 종합 · 체계화하여 새로운 자료로 창안하는 능력	
	⑥ 평가	• 가장 높은 단계로 문제해결능력, 비판적 판단력 등 포함	
정의적 영역 (인성, 도덕성, 태도 등의 영역)	① 감수	• 모든 현상, 자극에 대한 민감성, 선택적으로 관심을 갖는 것	정의적 측면의 내면화 정도에 따라 5단계로 구분
	② 반응	• 관심의 수준을 넘어 어떤 사건이나 현상에 어떤 형태로든 반응하는 것	
	③ 가치화	• 여러 가지 사건과 현상 중에서 어떤 것이 가치 있는가를 구분하는 것	
	④ 조직화	• 여러 행위와 사건에 따라 각각 존재하는 가치를 위계적으로 조직하는 것	
	⑤ 인격화	• 가치체계의 내면화로 성숙해지는 것	
심동적 영역 (신체와 관련된 기능의 숙달/발달 영역)	① 수용	• 어떤 것에 대해 관심을 갖고 보는 행위	신체와 관련된 기능의 숙달이나 발달이 포함된 영역으로 7단계로 구분
	② 태세	• 어떤 것을 배우기 위해 필요한 준비를 하는 단계	
	③ 유도반응	• 어떤 것을 시행하기 위해 배우는 초기 단계	
	④ 기계화	• 배운 것을 자연스럽게 행동할 수 있는 단계	
	⑤ 복합 외현 반응	• 어떤 행위를 내가 원하는 대로 행동화할 수 있는 단계	
	⑥ 적용	• 특수한 상황에서도 변형하여 행동 가능한 단계	
	⑦ 독창성	• 개인의 특성에 맞게 특이한 행동 개발	

위 〈표 11-4〉는 영역별로 학습수준(요망수준) 단계가 너무 많아서 학교교육에 적용하기에는 무리가 예상됨에 따라 우리 군의 학습환경을 고려하여 선별적으로 벤치마킹하여 적용할 필요가 있다. 즉, 교육학이론 바탕 위에 학교부대 현장에서 적용 가능한 요망수준 설정이 요구

된다.

이론과 행동화 영역의 요망수준을 각각 3단계로 세분화하여 적용하여 기존의 '이해 · 숙지 · 숙달' 수준의 성과측정 개념을 유지하고, '구비', '배양' 등의 용어는 요망수준 용어에서 사용하지 않는 것이 교육학 이론에 부합된다. 따라서 요망수준 관련 용어를 사용할 때는 다음 〈표 11-5〉와 같이 정립하여 사용함으로써 학교부대, 야전에서의 혼란을 최소화하고 교육목표도 더욱 명확하게 설정할 수 있다.

〈표 11-5〉 요망수준 용어 재설정(안)

구분		성과측정 기준	요망수준(%)
지식 습득	이해	• 전달된 지식을 받아들이는 수준	70
	숙지	• 특정 주제에 대해 충분히 알고 판단할 수 있는 수준	80
	숙달	• 일반적 상황이나 특정 상황에 모두 적용할 수 있는 수준	90
행동화 실습	체득	• 몸소 체험하여 배운 것을 자연스럽게 행동할 수 있는 수준	70
	숙달	• 즉각 임무를 수행할 수 있는 수준 • 관련 내용을 완전하게 이해하여 통제할 수 있는 수준	80
	응용	• 내가 원하는 대로 행동화 또는 특정 상황에 응용 가능한 수준	90

2. 요망수준을 고려한 학습방법

군은 학생 중심의 참여형 교육 정착을 위해 양성교육 교과체계 정립을 위해 노력하고 있다. 그중 하나가 '요망수준을 고려한 학습방법' 적용인데, 이를 도표화하면 다음 〈표 11-6〉과 같다.

〈표 11-6〉 요망수준을 고려한 학습방법

구분	이해	숙지	숙달
사전적 의미	사리 분별	충분히 앎	익숙하게 통달함
선행학습	×	시청각 자료	
이론 강의	주입식 교육	질의/응답	• 실습 토의 유도 • 선행학습 평가
토의/실습	△	상황위주토의식 교육	• 상황위주토의식 교육 • 숙달체득식 교육

요망수준을 고려한 학습방법은 선행학습 측면에서 과목별 특성을 고려하지 않은 선행학습 진행, 선행학습 이후 평가 부재로 교육생의 관심도가 낮은 문제점을 고려하여 과목별 요망수준을 고려한 선행학습 진행과 선행학습 확인 및 평가체계를 구축하기 위함이다. 또한, 이론적 강의는 선행학습 자료내용과 동일한 핵심강의로 교육생의 관심이 저조함에 따라 선행학습과 연계하되, 차별화된 핵심내용 위주의 강의와 창의적인 문제해결에 중점을 두고 수업에 참여를 유도하기 위함이다. 토의 및 실습 측면에서도 교육생의 수준보다는 평가를 잘 받기 위한 내용위주 진행에서 교육생들의 수준을 고려하여 실습과제를 해결토록 유도하여 창의적이고 다양한 문제해결능력을 배양하기 위함이다. 이러한 노력과 더불어 군 관련 지식이나 경험이 없는 일반인들을 군인화하기 위해서는 기본원칙과 원리를 이해시키고 행동화를 숙달해야 한다. 이와 같이 군 장교양성 교육과정에서도 장교후보생들이 처음으로 접하게 되는 군사학 과목의 성격을 고려해서 융통성 있는 교육방법을 적용하는 것이 바람직하다.

군 장교양성 교육에서 다루는 군사학 과목은 크게 두 가지 성격으로 구분된다. 하나는 전투기술과 같이 행동화 위주로 숙달해야 하는 성격이고, 다른 하나는 군사지식을 습득하여 인지구조에 변화를 주게 하는 성격이다. 주로 입영훈련 과목이 전자의 성격에 해당하고, 교내교육의 과목은 후자에 속한다. 이러한 상이한 성격의 과제들은 '학생 중심의 참여형 교육' 방법을 일률적으로 적용할 것이 아니라 교육방법을 다르게 적용해야 효과가 있을 것이다.

군 장교후보생 입영훈련 과목의 훈련실태는 CBT 시청을 통해 행동요령을 사전에 숙지하고, 훈련 당일에는 후보생들이 자율적으로 행동요령에 대한 연습을 진행한 후 반복 숙달과 평가가 동시에 이루어지는 방식으로 진행된다. 그러나 이러한 성격의 과목은 철저하게 도제식 훈련이 적용되어야 한다. 즉 교관에 의해 '왜 이러한 행동을 취해야 하는가?', '정확한 행동요령은 무엇인가?'를 충분하고 자세하게 설명해주고, 행동요령에 대한 정확한 동작을 시범으로 보여주어야 하며, 이어지는 반복 · 숙달과정에서는 세밀한 관찰과 개별적인 맞춤식 지도가 필요하다(성형권, 2018).

반면에 교내교육을 통해 교육하는 과목들은 지식, 태도, 가치를 함양하는 성격이다. 이러한 성격의 과목들은 구성주의적 교육방법을 적용하는 것이 가능하다. 그러나 현재의 교육방법상 문제점은 모든 과목과 과제들에 대해 획일적으로 상황위주토의식 교육방법을 적용한다는 것이다. 따라서 교내교육과 입영훈련 과목의 교육하는 방법을 과목별 요망수준에 부합하게 선택하여 강의식 교육과 상황위주토의식 교육이 필요한 과목과 불필요한 과목을 구분하고, 토의식 교육이 가능한 과목이라도 꼭 필요한 과제를 선별하여 적용하는 융통성이 필요하다. 과목에 대한 교육방법 개선방안은 다음 〈표 11-7〉과 같다.

〈표 11-7〉 과목별 교육방법 개선(안)

구분	과목	요망 수준	교육방법		비고
			에서	으로	
교내 교육	직무교육	이해	강의식 교육	강의식 교육	현행
	군사보안	숙지	상황위주토의식 교육	강의식 교육	개선
	정신전력	숙지	상황위주토의식 교육	상호동료교육	개선
	인성교육	이해	상황위주토의식 교육	상호동료교육	개선
	지휘훈육	숙지	상황위주토의식 교육	상황위주토의식 교육	현행
	제식	숙달	숙달체득식 교육	숙달체득식 교육	현행
입영 훈련	개인화기	숙달	숙달체득식 교육	숙달체득식 교육	현행
	분대전투	창의	상황위주토의식 교육	상황위주토의식 교육 숙달체득식 교육	개선
	독도법	숙달	숙달체득식 교육	숙달체득식 교육	현행
	화생방	숙달	상호동료교육 숙달체득식 교육	상호동료교육 숙달체득식 교육	현행
	구급법	숙달	상호동료교육 숙달체득식 교육	상호동료교육 숙달체득식 교육	현행

제3절

플립러닝 학습여건 및 방법 개선

1. 플립러닝의 선행학습 접근성 강화

플립러닝에서 선행학습은 "수업 전 단계에서 학습자는 교수자가 제공한 자료를 토대로 온라인상의 학습자료에 따라 배울 개념을 학습하고, 교수자가 제시한 퀴즈 또는 간단한 평가내용을 풀면서 익힌 내용에 대해 스스로 점검하는 활동"이다(고성진 외, 2015).

장교후보생에게 선행학습은 자료에 대한 접근성의 제한, 선수지식의 제한에 따른 개인적인 이해의 어려움, 군사교육보다는 전공교육을 우선시하는 일부 후보생들의 성향 등 선행학습의 여건이 매우 제한된다. 이처럼 선행학습을 이해하지 못했거나 소홀히 한 후보생들이 많은데도 교관은 선행학습을 한 것으로 간주하고 짧은 핵심강의 후 곧바로 학생이 주도하는 토의식 교육을 진행한다. 하지만 선행지식이 전제되지 않은 상태에서의 상호 동료학습에서는 올바른 사회적 지식의 재구성을 기대하기 어렵다.

플립러닝을 적용함에 흔히 범하는 오류는 선행학습 자료를 제공하면 모두가 선행학습을 할 것이며, 선행학습을 하면 학생주도의 학습이 원활하게 진행될 것이라고 믿는 것이다. 그리고 교내교육 과목의 선행학습은 정규 군사교육 시간이 아닌 사적인 시간에 자발적으로 하는 것이므로 선행학습을 강요할 수도 없다. 따라서 선행학습을 정과교육 시간에 편성하여 시행하는 생각의 전환과 전국 110개 학군단에 인터넷 기반에서 선행학습을 할 수 있는 테크놀로지 환경 개선이 필요하다.

플립러닝에 입각한 선행학습은 입영훈련에서도 적용되는데, 매일 저녁에 실시되는 선행학습 시간은 1시간 남짓 정도밖에 부여되지 않는다. 그 시간에 후보생들은 10명 내외의 분대 단위로 한 생활관에 모여 1대의 PC를 이용하여 CBT 시청각 자료를 함께 보면서 다음날 훈련에 대한 선행학습을 한다. 일부 교관들은 CBT 자료를 통한 선행학습으로 구체적인 행동요령을 이미 학습한 것으로 간주하는 경향이 있다. 따라서 훈련장에서 후보생들은 선행학습에서 습득한 행동요령을 짧은 시간 동안 연습해보고 곧바로 훈련과 평가가 동시에 이루어진다. 이러한 이유로 입영훈련에 입소하기 전에는 학군단별로 1~2주간의 집체교육을 실시한다. 이는 입영훈련 입소 후에 실시되는 CBT 동영상 시청 방법의 선행학습과 훈련 당일의 짧은 연습으로는 전투기술을 숙달하기 어렵고, 좋은 평가도 받을 수 없다고 판단하기 때문이다. 이를테면, 입영훈련을 위한 선행학습이 훈련 전부터 시행되는 것이다.

입영훈련 시에도 선행학습은 후보생들이 곧바로 평가받을 수 있을 정도로 숙달된 상태를 만드는 주수단이 아닌, 훈련의 보조적인 수단일 뿐이다. 그러므로 입영훈련에서는 과목에 대한 교관의 세밀한 설명, 조교의 정확한 동작 시범, 정확한 행동이 필요한다. 장교후보생들의 반복 숙달과 그 과정에서 교관 또는 조교에 의한 개인 또는 팀에 대한 세밀한 지도와 과오 교정이 이루어지는 철저한 도제식 훈련[8]이 필요하다.

2. 플립러닝의 상호동료교육 방법 개선

군 학교교육에서 상호동료교육(L&T)은 후보생들이 순환하면서 직접 교관 역할을 수행해봄으로써 학습효과를 제고시키는 방법이다. 이 교육방법의 핵심은 교관 역할자에게 맞추어져 있다. 즉, 학습효과를 높이는 가장 좋은 방법은 '스스로 연구한 과제에 대해 직접 동기생들에게 가르쳐봄으로써 진정으로 자신의 지식이 된다'라는 인식에서 나온 것이다.

이러한 학습효과의 긍정적인 인식과 선행연구자들의 연구에서 동료학습이 학업성취에 긍정적인 영향을 미친다는 연구와 달리 장교후보생들은 플립러닝의 동료학습이 학업성취도에 긍정적인 영향을 미치지 않는다고 말한다. 이는 장교 양성교육에서 과목에 배정하여 다루어야 할 과목 수는 많고, 과목에 배정된 시간은 매우 한정되어 있기 때문이다. 이처럼 시간이 많이 부족한 상태에서 상호동료교육을 개인별로 순환하는 것은 현실적으로 불가능하며, 설령 가능하다 하더라도 교관 역

8 도제(徒弟, apprenticeship)란 "서양 중세의 수공업에서 직업에 필요한 지식과 기능을 습득하기 위해 전문적인 지식을 가진 스승 밑에서 수련에 정진하던 어린 직공(제자)"을 일컫는 말이다. 군에서는 우수한 한 사람의 교관이 교육과정의 시작부터 종료 시까지 전 기간 동안 담당 교육생에 대한 학습지도와 훈육을 전담하면서 자신의 전술관을 전수하는 방법으로 교관은 개인별 학습능력과 장차 활용도에 대한 관찰 및 평가 결과를 교육평정에 반영한다.

할자 개인의 학습효과를 제고시키기 위해 다수의 후보생은 학습에 필요한 많은 시간을 보내게 된다. 이는 시간과 효과 면에서 효율성이 떨어지는 교육방법이다. 이러한 시간 사용의 문제의 어려움 때문에 상호동료교육(L&T)은 평가의 수단으로 변질되어 적용되고 있다. 즉, 동료 장교후보생에 대해 교수자 역할을 하는 것이 아니라 자신이 연구 또는 연습한 결과를 교수자 앞에서 발표 또는 행동하는 방법으로 평가를 받는 것이다.

이와 같은 평가수단으로 변질된 상호동료교육(동료학습)의 개선방안으로는 조별 자유토론이 되도록 교관의 밀착지도와 다양한 상황 부여로 사고가 고착되지 않도록 창의적인 '안'을 유도하고, 토의 및 실습 시간의 비율을 높여야 한다. 또한, 평가방법도 평가를 받기 위해 이해보다는 무조건 외워서 실습에 참여하는 것을 지양하고 관찰식 평가를 적용하며 시간 가용 시 잘못된 정보를 잡아주는 활동(피드백)이 필요하다.

제4절

군무원 교육체계 개선

'국방개혁 2.0'은 향후 중장기적으로 병역자원이 급격히 감소할 것으로 전망되는 상황에 대응하기 위해 군무원의 증원과 역할 확대를 주요한 전략 중 하나로 추진하고 있다. 이에 따라 2020년 말 기준 군무원 정원은 약 3.5만 명 수준으로 군인 정원 대비 약 6.5% 수준을 차지하고 있으나, 향후 2024년까지 4.4만 명으로 증원될 예정이다. 이는 군인 정원 대비 8.8% 수준까지 상승하는 것으로 다소 급격한 증가가 이루어지게 된다. 그동안 군무원제도 전반에 대한 검토가 간간이 이루어져왔지만, 현재 군인과 민간인력의 역할과 부대 배치 조정 등이 다소 빠르게 이루어지고 있는 시점에서 군무원제도 중 당면하고 있는 문제점을 식별해내고 나아가야 할 방향을 재정립해볼 필요가 있다.

1948년 정부 수립 후 민간인은 「국군조직법」에 근거하여 '문관'으로 칭해지며 군 내 정보, 기술 등의 분야에서 활동을 시작했다. 이후 1950년 「군속령」을 최초로 제정하여 '군속'으로 명명되면서 임용제도의 기초를 마련했다. 1962년 「군속인사법」을 제정하여 인사관리를 시작했으며, 이 시기에는 별정직공무원 신분을 유지했다. 1980년대에 들어서 「군무원인사법」으로 개정되며 '군무원'으로 개칭되고 특정직공무원 신분으로 구분되었다. 이후 40여 년간 20차례에 걸쳐 신분, 임용, 승진, 정년 등에 관한 법령 개정을 통해 오늘날의 인사관리 제도 골격을 형성했고, 국가공무원 인사제도와 균형을 맞추기 위한 보완이 꾸준히 이루어져오고 있다.

그러한 가운데 2000년대 중반 이후 「국방개혁에 관한 법률/시행령」에서는 국방 분야에서 민간인력 활용의 확대가 필요함을 규정했고, 원칙적으로 활용 분야는 군수 · 행정 및 교육훈련이 해당한다고 명시하고 있다. 법령에 따른 국방개혁 기본계획과 기본정책서 등의 정책문서에서도 이러한 정책 추진 내용과 맥락을 같이하며 군무원의 점진적 증원과 확대 방향과 골자는 크게 변화가 없는 상황에서 최근 상비병력 감축에 따른 군무원의 급격한 증원과 현역 직위를 대체하여 전환하는 작업이 이루어지고 있다. 교육 · 군수 · 행정 · 국직부대 등 비전투부대에 군무원을 포함한 민간인력을 점진적으로 확대하고 있으며, 정부 공공부문 일자리 확대 기조와 연계하여 우수 제대군인, 장애인 등의 채용이 추진되고 있다.

그동안 군무원제도의 개선은 공무원으로서 신분보장과 인사제도의 균형에 초점을 두고 이루어진 측면이 있다. 그러나 최근 군무원의 증원과 역할 확대, 직위 전환 등이 실행되면서 군무원제도 검토와 변화의 필요성, 구체적이고 현실적인 방안을 요구하는 군 내부 목소리가 높아지고 있다.

한국국방연구원(KIDA)은 2020년 8~10월 중 군무원 · 군인 1,300

여 명을 대상으로 설문조사를 실시하여 문제인식을 공유하고 확인했다.[9] 제도의 문제점 중 현재 군무원 임무 · 역할, 교육훈련 분야에 대해 살펴본다.

먼저, 군 조직에서 군무원의 임무와 역할은 여전히 다소 모호하고 고유한 업무 영역이 불명확한 상황이 지속되고 있다. '군수 · 행정 · 기술 · 교육훈련 · 연구' 분야에서 업무를 수행하도록 규정화되어 있기는 하지만, 군 임무와 근무환경을 고려해볼 때 민간인인 군무원의 부대별 근무 적합성, 임무수행 가능성, 전시 동원 가능성 등을 검토해볼 필요가 있다. 현재로서는 군무원의 활용이 가능한 분야 내에서 부대유형이나 부대 수준별로 군인 또는 군무원의 배치 기준이 세분화되어 있지 않은 상태다. 이에 따라 최근 일선 부대에서의 갈등과 공감대 부족, 부대 운영에서의 부담이 발생하는 등 부정적 양상이 나타나고 있다.

그러한 가운데 군무원의 활용원칙으로 제시되고 있는 '전문성 · 연속성'은 실제 군무원이 보직승진 등을 통해 원활하게 경력관리를 하고 인사운영을 해야 하는 측면과 상충하여 일부 제약사항으로 작용할 가능성도 있다. 이처럼 군무원의 임무, 역할, 활용원칙 등의 개념이 아직까지 명확하게 정립되지 못하고 있는 부분은 국방개혁에 따른 군무원의 합리적인 활용 확대를 지연시키는 주요 원인으로 작용하고 있다. 설문조사에서도 군무원의 임무 역할, 업무 영역 등이 불명확한 문제점에 과반 이상이 동의했다. 그뿐만 아니라 활용 분야별 세부 기준과 원칙이

---

9 전문가조사 대상자는 각 군 · 기관 소속 군무원제도 실무자 및 군무원 15명이며, 온라인을 통한 개방형 설문조사 결과에 대해 질적 분석 및 평가형 문항 조사 결과 분석을 수행했다. 조사내용은 현 군무원제도 평가, 향후 정책 방향 등을 포함했다. 군무원 · 군인 대상 설문조사 응답자는 군무원 824명, 군인 520명, 총 1,344명이며 온라인 조사를 수행했다. 조사내용은 군무원 임무 · 역할, 인사관리 등 분야별 문제점, 개선방향 등을 포함했다. 두 조사 모두 2020년 8~10월 중 시행되었다.

부재한 문제점에 대해서도 응답자의 60% 이상이 동의했다.

교육훈련제도와 관련된 문제점을 살펴보면 다음과 같다. 현재 교육훈련은 승진을 위해 기초평정점수를 획득하기 위한 수단으로 제한적으로만 운용되고 있고, 직급 · 직무별 체계적인 교육과정이 미비하다는 점에 대한 문제인식이 60% 수준으로 높게 나타나고 있다. 특히, 최근 신규채용자가 급증하면서 기초직무능력과 군 조기적응 교육을 강화할 필요가 있음에도 여전히 교육 기회가 부족하다는 문제점이 제기되고 있다. 또한, 군무원을 위한 독자적인 교육기관이 없어 교육제도의 활성화와 체계적인 교육 시행이 어렵다는 문제인식도 높게 나타나고 있다. 군무원 필수보수교육과정 및 직무보수교육과정은 〈표 11-8〉과 같다.

〈표 11-8〉 군무원 필수보수교육과정 및 직무보수교육과정

과정	필수보수교육과정						직무보수 교육과정
	기본과정	초급 과정	중급 과정	고급 과정	5급승진자 과정	국방관리자 과정	
대상	신규임용자	9급	7 · 8급	6급	5급	3 · 4급	전 직급
교육 기관	종행교 (병과학교)	병과학교			국방대		병과학교 및 외부 교육기관

출처: 육군본부 학교교육 규정(육군본부, 2020)

현재 군무원제도가 당면하고 있는 문제점들을 살펴본 결과, 군무원의 임무와 역할, 체계적인 경력개발과 교육과정이 정립되어 있지 못한 점 등 제도 자체의 발전이 여전히 지연되고 있음을 확인했다. 이에 더해 국방개혁 2.0의 추진으로 하위직 위주의 증원이 급격히 이루어지고 군인 직위 전환, 보직 확대 등 인사상의 변화가 동시에 더해지면서 안정적인 직급별 구조, 신규 입직자에 대한 교육과 지원 부담은 더욱 커졌으며, 새로이 일선 부대에서는 군인 · 군무원 간 역할의 혼재와 갈등이 가중되고 있다.

향후 인력을 원활하게 획득하고 운영하기 위한 여건은 더욱 악화될 것으로 예상됨에도 군무원제도의 체계성과 구성성, 단 · 중장기 전략과 계획은 여전히 미흡한 상황이다. 당면한 문제점을 해결하고 좀 더 중장기적인 제도 발전을 모색하기 위해서는 전반적인 정책과 제도의 지향점을 설정하고 단계적으로 해결 방안을 마련해나갈 필요가 있다.

군무원의 임무와 역할, 활용원칙을 정립함에 있어서는 현재의 활용 가능 분야 내에서 군부대 운영 여건과 조직 구성원들 간의 수용 가능한 기준 등을 고려하여 '적실성'을 추구해야 한다. 중장기적으로 군무원 활용은 더욱 확대될 수밖에 없는 여건이지만, 현재 군 조직 운영 상황을 고려하여 현실적이고 세분화된 활용 기준을 정립하여 점진적이고 전략적으로 역할의 확대를 추진해나가야 한다.

교육훈련 분야에서는 군무원의 생애주기에 맞추어 직무별 · 직급별 전문역량을 진단하고 개발할 수 있도록 '전문성'에 기반한 교육체계를 마련하고 전폭적인 지원을 해야 한다.

향후 중장기적으로 국방 행정 · 기술 · 연구 분야의 전문학위교육 시행을 위해 군무원 인사정책 차원의 개선도 함께 추진해야 할 것이다.

참고문헌

1. 국내 문헌

강영삼 외(2008). 『새로운 교직과정을 위한 교육학 개론』. 서울: 교육과학사.

강현석 · 주동범(2004). 『교육실습편람』. 대구: 경북대학교출판부.

강명희 외(2009). 「학습자의 사전지식, 인지부하, 몰입, 학업성취도 간의 관계 규명」. 『교과교육학연구』 13(2), 369-391.

고성진 · 박효선 · 최손환(2016). 『군사교육학의 이론과 실제』. 경기: 북코리아.

구병두(2013). 「협동학습이 학업성취에 미치는 영향에 대한 메타분석: 2000년 이후에 발간된 국내 학술논문을 중심으로」. 『Journal of Agricultural Education』 45(3), 39-61.

국방부(1993). 『국방교육훈련 중장기 기획서』. 서울: 국방부.

______(2020). 『국방교육훈련 훈령』. 서울: 국방부.

______(2020). 『국방백서』. 서울: 국방부.

군사학연구회(2014). 『군사학개론』. 서울: 플래닛미디어.

_____(2017). 『군사학 연구방법론』. 경기: 북코리아.

권구경(2017). 「플립러닝 환경에서 학업적 자기효능감, 과제가치, 학습참여도, 학업성취도, 학습만족도 간의 관계분석」. 안동대학교 대학원 석사학위논문.

권구경 · 정현미(2018). 「플립러닝 환경에서 학업적 자기효능감, 과제가치, 학습참여도, 학업성취도, 학습만족도 간의 관계분석」. 『교육공학연구』 34(3), 407-439.

권낙원 · 김동엽(2019). 『교수-학습 이론의 이해』. 경기: 문음사.

권오남 외(2013). 「반전학습(Flipped Classroom) 수업 모형 개발: 대학 미적분학 강의 사례를 중심으로」. 『수학교육논집』 30, 91-111.

김규원(2014). 「지식정보사회의 교육혁신」. 『한국사회학회』, 34-36.

김규현 · 홍숙지(2021). 『국방논단: 군무원 제도의 문제점과 향후 지향점』. 한국국방연구원, 1-8.

김남익 · 전보애 · 최정임(2014). 「대학에서의 거꾸로 학습(Flipped learning)사례 설계 및 효과성 연구」. 『교육공학연구』 30(3), 467-492.

김영배(2015). 『플립러닝 지원시스템 개발』, 부산대학교 대학원 박사학위논문.

김은영 · 이영주(2015). 「해외 대학의 플립드 수업 사례 분석 연구」. 『평생학습사회』 11(1), 115-137.

김인국 외(1978). 『미래 국방환경에 부합된 국방교육훈련 발전방향연구』. 서울: 한국국방연구원.

김미량(1998). 『하이퍼텍스트 학습체제에서의 상호작용 증진 전략연구』. 서울대학교대학원 박사학위논문.

김민정 · 김효선(2007). 「웹기반 동료 튜터링 활용 방안 탐색」. 『교육정보미디어연구』 13(1), 49-73.

김정수(2016). 「학군장교(ROTC)후보생의 양성교육 프로그램 분석을 통한 리더십향상방안 연구」. 『전략연구』 제68호.

김종숙(2007). 『이러닝의 학습만족도와 학습성과에 미치는 영향요인에 관한 연구』. 인제대학교 대학원 박사학위논문.

김회수 · 염시창(2002). 「하이퍼텍스트 보조 학습에서 사전지식, 작동기억 및 하이퍼텍스트 탐색도구 유형이 학업성취도에 미치는 효과」. 『교육공학연구』 18(1), 79-10.

문양호(2014). 『군 학교교육 발전을 위한 교수학습의 이해와 적용』. 서울: 육군사관학교.

박상준(2009). 「대학토론교육의 문제와 해결방안 시론」. 『어문학』 104, 27-56.

_____(2015). 「거꾸로 교실 모형의 개발과 적용 사례의 연구: 예비교사 교육에의 적용 결과를 중심으로」. 『사회과교육연구』 22(2), 1-21.

박재진(2013). 『기업체 중간관리자의 코칭리더십, 학습조직, 구성원의 문제해결 능력 조직유효성 변인 간의 구조적 관계』. 숭실대학교 대학원 박사학위논문.

박주연(2008). 『문제해결방법을 활용한 자기주도학습 모형 개발 및 효과연구』. 관동대학교 대학원 박사학위논문.

박중길(2012). 「교사-학생의 상호작용, 노력/지속성 및 유능감 지각과의 인과적 관계에서 체육태도와 성취정서의 매개역할」. 『한국스포츠심리학회지』 23(2), 25-39.

박진우(2016). 「플립러닝 기반의 상황위주 토의식 수업을 위한 교수 전략 개발 연구」. 서울대학교 대학원 석사학위논문.

박진우 · 임철일(2016). 「육군 학교교육의 플립러닝 기반 상황위주 토의식수업을 위한 교수 전략 개발 연구」, 『교육공학연구지』 32(4), 771-808.

박진욱(2014). 「대단위 한국어 수업을 위한 역진행 수업(Flipped Classroom) 모형 개발 연구」. 『이중언어학』 57, 75-102.

박태정 · 차현진(2015). 「거꾸로 교실(Flipped Classroom)의 교육적 활용 가능성 탐색을 위한 교사 인식 조사」. 『컴퓨터교육학회 논문지』 18(1), 81-97.

방선옥(2002). 「구성주의적 교육관의 이론적 함의와 적용 가능성 고찰」. 『교육학연구』 40(3), 1-20.

방진하, 이지현(2014). 「플립드 러닝(Flipped Learning)의 교육적 의미와 수업 설계에의 시사점 탐색」. 『한국교원교육학회』 31(4), 299-319.

백순근 · 함은혜 · 이재열 · 신효정 · 유예림(2007). 「중등학교 교사의 교수역량 구성요인에 대한 이론적 고찰」. 『아시아교육연구』 8(1), 47-69.

변선미 · 김현주(2011). 「자유탐구 활동에 대한 중학생들의 인식 및 자유 탐구 활동이 중학생들의 과학 탐구능력에 미치는 영향」. 『한국과학교육학회지』 31(2), 210-224.

서울대 사범대학 교육연구소(1995). 『교육학용어사전』. 서울: 배영사.

서진원(2009). 「교육방법으로서의 구성주의와 구조주의의 비교연구」. 『한국도서관 · 정보학회지』 40(4), 81-92.

성민경(2016). 『플립러닝 이해와 실제』. 경기: 교육과학사.

성태제(2009). 『교육평가의 기초』. 서울: 학지사.

성형권(2018). 『초급장교 양성교육제도의 효율적 운영에 관한 연구: 육군 학군사관후보생을 중심으로』. 충남대학교 대학원 박사학위논문.

소경희(2007). 「학교교육의 맥락에서 본 '역량(competency)'의 의미와 교육과정적 함의」. 『교육과정연구』 25(3), 1-21.

소연희(2010). 「또래교수활동이 수학과제흥미를 증진시키는가?: 집단 구성 방법, 친구지지정도, 경쟁유무의 효과」. 『직업교육연구』 29(4), 55-71.

손영 · 김성일(2005). 「또래교수 집단구성 방식이 학업성취도와 교과흥미에 미치는 영향」. 『교육심리연구』 19(3), 595-613.

손지희(2014). 「관계의 교육학, 비고츠키 저작 읽기」. 『교육비평』 34, 301-326.

신안나(2013). 「중학생이 지각한 실천적 교수역량이 학업성취도에 미치는 영향: 수업참여도의 매개효과를 중심으로」. 서울대학교 대학원 석사학위논문.

신재한 · 김덕희(2020). 『미래교육 핵심 역량 강화를 위한 학생활동 참여중심 수업 코칭 전략』. 경기: 교육과학사.

양숙희(2016). 『플립수업이 학습자의 수업참여와 수업만족 및 자기효능감에 미치는 영향에 관한 연구』. 동국대학교 대학원 박사학위논문.

유근미 · 김수연(2010). 「수학 학습부진아의 또래교사 역할 경험이 분수연산 능력 및 자아존중감에 미치는 영향」. 『특수교육』 9(2), 31-49.

유승희 · 이은경(2010). 「모둠학습활동에서 또래 간 스케폴딩 탐구」. 『초등교육연구』 23(4), 483-507.

육군교육사령부(2011). 「전투형강군 육성을 위한 학교교육 발전 추진계획」, 군

내부 보고자료.
______(2020). 『국가와 안보(Ⅰ)』. 계룡시: 육군본부.
______(2015). 「학교교육 혁신」. 군 내부 보고자료.
______(2019). 「교육훈련 도약적 변혁 대론회」. 군 컨퍼런스 자료.
______(2020). 「에듀테크와 육군 교육훈련 혁신」. 군 컨퍼런스 자료.
육군본부(2018). 『교관지침서』. 계룡: 육군본부.
______(2015). 『교육훈련관리』. 계룡: 육군본부.
______(2016). 『교육훈련』. 계룡: 육군본부.
______(2018). 『초급간부 자기개발서 리더십』. 계룡: 육군인쇄창.
______(2020). 『학교교육지시』. 계룡: 육군본부.
육군학생군사학교(2018). 『우수 단기복무장교 확보전략 및 정책연구서』. 괴산: 육군학생군사학교.
______(2019). 『문무혁신 추진계획』. 괴산: 육군학생군사학교.
______(2020). 『학교교육계획』. 괴산: 육군학생군사학교.
육군3사관학교(2015). 『창의적 사고력 배양을 위한 효과적인 교수방법에 관한 연구』. 영천: 육군3사관학교.
윤우곤(1996). 『조직관리학』. 서울: 다산출판사.
이근석 · 이영우(2006). 「학군사관후보생(ROTC)의 리더십 교육에 관한 발전방안」, 『산업경영연구』 2(2).
이난경 · 이종옥(2014). 「모바일 재택생활건강 모니터링 시스템에 관한 연구」. 『e-비즈니스연구』 15(3), 97-123.
이돈희(1992). 『교육정의론』. 서울: 고려원.
이동엽(2013). 「플립드 러닝(Flipped Learning) 교수학습 설계모형 탐구」. 『한국디지털정책연구』, 한국디지털정책학회. 11(12).
이만희(2012). 「컴퓨터 실습교육에서의 상호 동료교수법 활용방안」. 『한국 컴퓨터교육학회 하계 학술발표논문지』, 한국컴퓨터교육학회. 16(2), 7-8.
이민경(2014). 「거꾸로교실 효과의미에 대한 사례연구」. 『한국교육』 1(1), 87-

116.

______(2016). 『플립러닝의 이해와 실제』. 경기: 교육과학사.

______(2017). 「거꾸로교실이 학습자중심 역량교육에 주는 함의 탐색」. 『학습자중심교과교육연구』 17(14), 153-173.

이상균(2012). 「지식정보사회의 국방교육 패러다임 변화와 발전전략」. 『한국군사학논집』 68(1), 39-63.

이숙정 · 이수정(2012). 「대학 교양교육의 방향과 과제」. 『교양교육연구』 6(2), 11-42.

이승희 · 최선영(2012). 「초등 과학 수업에서 학생 동료 멘토링 활동이 과학탐구능력, 학업 성취도 및 과학적 태도에 미치는 영향」. 『초등과학교육』 31(3), 311-320.

이재석(2016). 『고등학교 물리 문제풀이에 대한 상호 교수전략과 모둠 교수전략의 특징 분석』. 단국대학교 대학원 박사학위논문.

이항녕(2010). 『사이버가정학습의 인지적 · 정의적 효과성 영향요인 분석』. 인천대학교 대학원 박사학위논문.

이희숙(2015). 『플립러닝의 효과 관련 요인간의 구조적 관계 분석』. 공주대학교 대학원 박사학위논문.

임철일 · 김성욱 · 한형종 · 서승일(2014). 「창의적 문제해결을 위한 스마트 지원 시스템의 수업적용: 미술대학 수업 사례」. 『아시아교육연구』 15(3), 171-201.

조아미(2014.7.1). 합동군사대 '육군대학-병과학교 통합' 세미나 개최. 국방일보, http://kookbang.dema.mil.kr/kookbangWeb/view.do?ntt_writ_date=20140702&parent_no=32&bbs_id=BBSMSTR_000000000138에서 인용.

조일현(2007). 「e-러닝에서 사회연결망 지표와 인지적 및 정의적 학업성취도 간의 상관관계」. 『정보교육학회 논문지』 11(3), 379-387.

장경원 · 이병량(2018). 『토의와 토론으로 수업하기』. 서울: 학지사.

전규호(2021). 『육군 학군단 플립러닝이 학습성과에 미치는 영향과 적용에 관한 연구』. 청주대학교 대학원 박사학위논문.

진성희(2010). 「초등예비교사들의 "교수역량"에 대한 자기성찰 및 강화 방안」. 『한국초등교육』 20(2), 233-247.

최병욱(2002). 『군 교육훈련체제의 모형에 관한 탐색적 연구』. 서울대학교 박사학위논문.

최정임(2017). 「대학에서 플립드 러닝 운영을 위한 지원 전략 탐색」. 『교육정보미디어연구』 23(4), 657-682.

최정임 · 장경원(2015). 『PBL로 수업하기』. 서울: 학지사.

최정빈 · 김은경(2015). 「공과대학의 Flipped Learning 교수학습모형 개발 및 교과운영사례」. 『공학교육연구』 18(2), 77-88.

최정빈(2018). 『플립드러닝 교수설계와 수업전략』. 서울: 성안당.

한국U러닝연합회(2014). 『플립러닝 성공전략』. 서울: 콘텐츠미디어.

한안나(2011). 「대학의 동료 튜터링 프로그램에서 인식된 튜터의 역할이 만족도와 학습성과 판단에 미치는 영향」. 『학습자중심교과교육연구』 11(4), 467-494.

한형종 · 임철일 · 한송이 · 박진우(2015). 「대학 역전학습 온 · 오프라인 연계 설계전략에 관한 연구」. 『교육공학연구』 31(1), 1-38.

합동참모본부(2020). 『합동 · 연합작전 군사용어집』. 서울: 합동참모본부.

허희옥 · 우선자 · 강의성(2002). 「컴퓨터교과교육: 컴퓨터 실습 수업에서 동료교수법과 학습자의 성향이 학업 성취도 및 자기효능감에 미치는 영향」. 『컴퓨터교육학회 논문지』 5(4), 19-29.

황진환 외(2011). 『군사학 개론』. 서울: 양서각.

2. 외국 문헌

Astin, A. W. (1993). What matters in college: Four critical years revisited. San Francisco: Jossey-Bass.

Bakker, A., Golub, T. L., & Rijavec, M. (2017). Validation of the Study-Related Flow Inventory (WOLF-S). *Croatian Journal of Education-Hrvatski Casopisza Odgoj i obrazovanje, 19*(*1*), 147-171.

Barrow, H. S., & Myers, A. C. (1993). Problem-Based Learning in Secondary Schools. Unpublised monograph. Springfield, IL: Problem-Based Learning Institute, Lanphier High School and Southern Illions University Medical School.

Bates, S., & Galloway, R., (2012) The inverted classroom in a large enrollment introductory physics course: a case study. Higher Education Academy.

Bergmann, J., & Sams, A. (2012). Flip your classroom: reach every student in every class every day. NY: International Society for Technology in Education.

Bergmann, J., & Sams, A. (2014). Flipped learning: gateway to student engagement. Washington D. C.: International Society for Technology in Education.

Bergmann, J. & Sams, A. (2015). 『거꾸로교실 진짜 배움으로 가는 길』(정찬필 · 임성희 공역), 서울: 에듀니티.

Bishop, J. L., Verleger, M. A. (2013). *The Flipped Classroom: A Survey of the Research*. In proceedings of ASEE National Conference, Atlanta, GA.

Brame, C. J. (2013). Flipped the classroom. Retrived May 06, 2015 from http://cft.vanderbilt.edu/guides-sub-pages/flipping-the classrom.

Chen Y., Wang, Y., Kinshuk, & Chen, N. S. (2014). Is FLIP enough? Or should we use the FLIPPED model instead?. Computers & Education, 79, 16-27.

Coleman, James C. (1974). Power and the structure of society, New York: W. W. Norton.

Dunlap, J. C. (2005). Problem-based learning and self-efficacy: Hoe a capstone course prepares students for a profession. ETR & D, 53(1), 65-85.

Enfield, J. (2013). Looking at the impact of the flipped classroom model of instruction on undergraduate multimedia students at CSUN, *Tech Trends*. *5*(*6*), 14-27.

Fantuzzo, J. W. (2012). "Effects of reciprocal peer tutoring on mathematics and school adjustment: A component analysis," Journal of Educational Psychology.

Fredricks, J. A., Blumenfeld, P. C., & Paris, A. H. (2004). School engagement: Potential of the concept, state of the evidence. *Review of Educational Research*, *74*(*1*), 59-109.

Gagn'e, R. M. (1985). *The conditions of learning and theory of instruction* (4th ed.). New York: Holt, Rinehart and Winston.

Galway, L. P., Corbett, K. K., Takaro, T. K., Tairyan, K., & Frank, E. (2014). A novel integration of online and flipped classroom instructional models in public health higher education. BMC Medical Education, 14(181), 1-9.

Gilboy, M. B., Heinerichhs, S., & Pazzaglia, G. (2015). Enhancing Student Engagement Using the Flipped Classroom. Journal of Nutrition Education and Behavior, 47(1), 109-114.

Hamdan, N., Mcknight, P., Mcknight, K., & Arfstrom, K. M. (2013). The flipped learning model: A white paper based on the literature review titled a review of flipped learning.

Huntington. S. R. (1957). The soldier and The Theory and politics of civil-Military Relations. Cambridge: Harvard University Press.

Jerald, C. D. (2009). Defining a 21st century education. *Center for Public ducation*, *79*.

Kolakowski, L. (1972). Positivist Philosophy. Harmondsworth: Penguin.

Lee, M. K., & Park, B. K. (2018). Effect of flipped learning using online materials in a surgical nursing practicum: A pilot stratified group-randomized trial. *Health Information Research, 24*(*1*), 69-78.

Milman, N. B. (2012). The flipped classroom strategy what is it and how can it best be used. Distance Learning, 9(3), 85-87.

Moskos C. C., Wood, F. R. (1988). The Military: More than Just a job?. Washington D.C.: Pergamon-Baseys.

Postolache, O., Girão, P. S., Ribeiro, M., Guerra, M., Pincho, J., Santiago, F. & Pena, A. (2011). Enabling telecare assessment with pervasive sensing and Android OS smartphonc. In Medical Measurements and Applications Proceedings (MeMeA), 2011 IEEE International Workshop on (pp. 288-293). IEEE.

Reeve, J. (2013). How students creatr motivationally supportive learning environments for themselves: The concept of agentic engagement. *Journal of educational psychology, 105*(*3*), *579-595*.

Shuell, T. J. (1986). Cognitive conceptions of learning. *Review of educational research*, *56*(*4*), 411-436.

Skelton, K. E. et. al. (1989). Report the panel on Military Education of the One Hundred Congress of the Commitee on Annel Services, Washington D.C.: us Government Printing Office.

Slavin, R. E. (1990). Cooperative learning models for the 3R's. *Educational leadership*, *47*, 22-28.

Simmons, P. Robert-Jan (1993). "Constructivelearning: Therole of thelearner," InT. Duffy, J. Lowyck & D. Jonassen (Eds.), Designing environmentsforco nstructivelearning.

Strayer, J. F. (2007). *The effects of the classroom flip on the learning environment: A comparison of learning activity in a traditional classroom and a flip classroom that uses an intelligent tutoring system*. Unpublished doctoral dissertation, The Ohio State University.

Toqeer, R. (2013). Flipped classroom concept application to Management and Leadership course for maximizing the learning opportunities. *The*

Business & Management Review, 3(4). 137.

Vrasidas, C. (2000). Constructivism versus objectivism: Implications for interaction, course design, and evaluation distance education. *International Journal of Educational Telecommunications, 6*(4), 339-362.

Zimmerman, B. J. (1986). "Becoming a self-regulated learner: Which are the key subprossesses?," Contemporary Educational Psycology 11.

찾아보기

용어

인물